中国通信学会普及与教育工作委员会推荐教材

21世纪高职高专电子信息类规划教材·移动通信系列

21 Shiji Gaozhi Gaozhuan Dianzi Xinxilei Guihua Jiaocai

LTE
移动通信技术

范波勇 主编

杨学辉 副主编

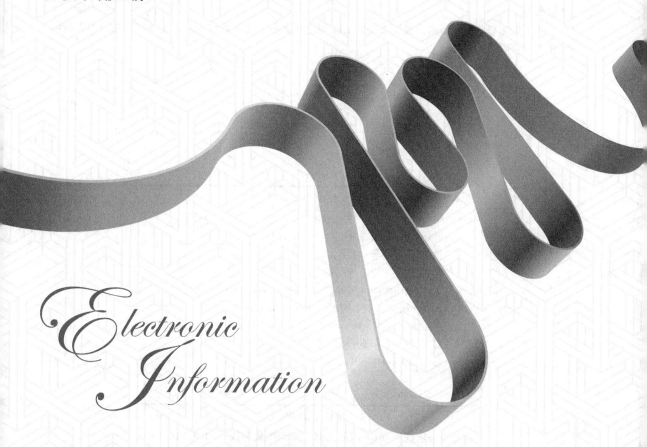

Electronic

Information

人民邮电出版社

北 京

图书在版编目（ＣＩＰ）数据

LTE移动通信技术 / 范波勇主编. -- 北京 ：人民邮
电出版社，2015.9（2023.8重印）
21世纪高职高专电子信息类规划教材
ISBN 978-7-115-39907-6

Ⅰ．①L… Ⅱ．①范… Ⅲ．①无线电通信－移动网－
高等职业教育－教材 Ⅳ．①TN929.5

中国版本图书馆CIP数据核字(2015)第186577号

内 容 提 要

　　本书系统地讲解了 LTE 移动通信技术、LTE 基站设备和 LTE 基站设备开通与维护等方面相关知识。全书共有 6 个模块，主要内容包括 LTE 概述、OFDM 基本原理、LTE 协议原理、MIMO 基本原理、LTE 基站设备、LTE 基站开通与维护，并且还安排了 LTE 基站开通的实训部分。为了让读者能够及时地检查学习效果，把握学习进度，每模块后面都附有丰富的习题。为了更贴近企业、更符合岗位需求，本书由经验丰富的企业专家直接参与编写与审核，较好地体现了面向应用型人才培养的教育特色。

　　本书既可以作为高职高专通信类专业 LTE 课程的教材，也可以作为通信企业培训或技术人员自学的参考资料。

◆ 主　　编　范波勇
　　副 主 编　杨学辉
　　责任编辑　张孟玮
　　执行编辑　李　召
　　责任印制　沈　蓉　彭志环

◆ 人民邮电出版社出版发行　北京市丰台区成寿寺路 11 号
　　邮编　100164　电子邮件　315@ptpress.com.cn
　　网址　http://www.ptpress.com.cn
　　固安县铭成印刷有限公司印刷

◆ 开本：787×1092　1/16
　　印张：12　　　　　　　　　　2015 年 9 月第 1 版
　　字数：294 千字　　　　　　　2023 年 8 月河北第 17 次印刷

定价：36.00 元
读者服务热线：(010)81055256　印装质量热线：(010)81055316
反盗版热线：(010)81055315

前言

随着电信业 4G 市场的进一步扩大，一个庞大的 4G 产业链正在形成，当前社会对移动通信市场 4G 人才的需求量巨大并且十分急迫。在高职院校的通信类相关专业开设 LTE 移动通信技术课程、培养 4G 技术人才是未来一段时间高职院校人才培养的重点之一。

结合我国通信行业发展规划及 4G 移动通信技术业务发展趋势，推动工学结合人才培养模式的改革与创新，同时引导高职院校在通信产业升级背景下的教学改革与专业调整。湖南邮电职业技术学院在 3G 通信技术、4G 通信技术、网络优化等方面具有深厚的积淀和丰富的经验，在总结教学经验、企业培训与实践的基础上，与中兴通信专家合作编写了《LTE 移动通信技术》这本教材，以满足教学和培训之需。本书侧重于现在发展迅速的移动通信领域的 4G 技术、设备和开通等方面的知识。

本书共包括 6 个模块，模块一概述了 LTE 基础知识，模块二讲述了 OFDM 基本原理，模块三详细介绍了 LTE 协议及移动性管理，模块四讲述了 MIMO 基本原理，模块五讲述了 LTE 基站设备，模块六详细讲述了 LTE 基站开通与维护。

为了更贴近企业，更符合岗位需求，本书由经验丰富的企业专家直接参与编写与审核。教材坚持"以就业为导向，以能力培养为本位"的改革方向；打破传统学科教材编写思路，基于工作过程，根据岗位任务需要合理划分工作任务；做到"理论够用、突出岗位技能、重视实践操作"的编写理念；较好地体现了面向应用型人才培养的高职高专教育特色。

本书适合作为高职高专通信类的通信技术、移动通信技术等专业的教材，还可以供电信运营企业从事移动通信技术工作的人员参考使用、培训使用及自学者辅导使用。全书建议50 个课时。

本书由范波勇主编，并负责全书的整体构思、大纲设计、统稿和全书审阅。全书写作安排如下：模块一、模块二、模块三由范波勇编写，模块四由范波勇、张敏编写，模块五、模块六由范波勇、杨学辉编写。

在本书的整体构思和编写过程中，湖南邮电职业技术学院领导和众多老师无私奉献，还得到了中兴通讯、中国移动湖南公司、中国电信湖南公司、中国联通湖南公司众多企业专家的大力支持和热心帮助，提出了许多宝贵意见，特此致谢。本书也参考了一些国内外学者的著作和文献，对相关作者表示衷心的感谢。

鉴于编者水平有限，书中难免有不足之处，敬请读者批评指正。

编 者
2015 年 7 月

目 录

【本模块问题引入】随着我国第四代移动通信（4G）牌照发放以后，3GPP 长期演进（Long Term Evolution，LTE）移动通信获得了长足的发展，中国移动、中国联通、中国电信在全国范围内大规模地建网，中国已建成全球规模最大的 TD-LTE 网络。4G 移动技术人员需要掌握 LTE 的基础理论知识，并将其应用到实际的 LTE 开通与维护工作中。本模块通过介绍 LTE 概念、LTE 主要指标和需求、LTE 总体架构，以及 LTE 关键技术等知识，为后续的 LTE 基站系统的开通和维护的学习打下良好的基础。

【本模块内容简介】LTE 概念、LTE 主要指标和需求、LTE 总体架构、LTE 关键技术。

【本模块重点难点】LTE 主要指标和需求、LTE 总体架构、LTE 关键技术。

【本课程模块要求】

1．识记：WCDMA 技术演进过程、TD-SCDMA 技术演进过程、cdma 2000 技术演进过程、频谱划分、峰值数据速率、控制面延迟、用户面延迟、频谱效率、频谱灵活性、系统结构、无线协议结构、S1 接口、X2 接口、双工方式、多址方式、多天线技术、链路自适应、HARQ。

2．领会：移动通信系统的发展过程、LTE 相关工作组、覆盖、减小 CAPEX 和 OPEX、系统结构网元功能、ARQ。

任务1　概述

【本任务要求】

1．识记：WCDMA 技术演进过程、TD-SCDMA 技术演进过程、cdma 2000 技术演进过程。

2．领会：移动通信系统的发展过程、LTE 相关工作组。

一、背景介绍

1．移动通信演进过程概述

移动通信从 2G、3G 到 3.9G 的发展过程，是从低速语音业务到高速多媒体业务发展的过程。3GPP 正逐渐完善 R8 的 LTE 标准：2008 年 12 月，R8 LTE RAN1 冻结，2008 年 12 月，R8 LTE RAN2、RAN3、RAN4 完成功能冻结，2009 年 3 月，R8 LTE 标准完成，此协议的完成能够满足 LTE 系统首次商用的基本功能。

无线通信技术发展和演进过程如图 1.1 所示。

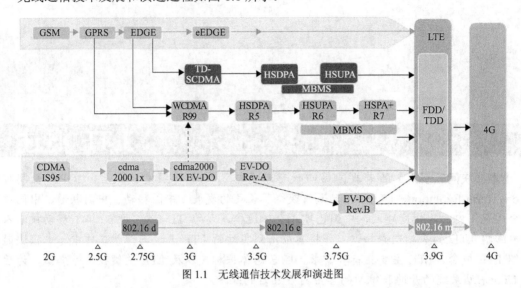

图 1.1　无线通信技术发展和演进图

移动通信技术的发展历程可以分为 4 个阶段，如表 1.1 所示。

表 1.1　移动通信系统的发展历程

1G	2G	3G	3.9G/4G
模 拟 通 信	数 字 通 信	多媒体业务	宽带移动互联网
模拟调制技术	数字调制技术	多媒体业务	随时随地的无线接入
小区制	数据压缩	>100kbit/s 数据速率	无线业务提供
硬切换	软切换	分组数据业务	网路融合与重用
网络规划	差错控制	动态无线资源管理	多媒体终端
	短信息		>10M 数据速率
	高质量语音业务		基于全 IP 核心网
AMPS	GSM GPRS	WCDMA HSPA/HSPA+	IMT-Advanced
TACS	PDC EDGE	TD-SCDMA	3GPP LTE
NMT-450	IS-95A IS-95B	cdma 2000 1X EV	3GPP2 AIE
NTT		WiMAX	
kbit/s	9.6kbit/s ~ 14.4kbit/s	1.144 ~ 2Mbit/s ~ 10Mbit/s	~ 100Mbit/s/1Gbit/s

2. WCDMA、TD-SCDMA 与 cdma2000 制式对比

　　尽管基于话音业务的移动通信网已经足以满足人们对于话音移动通信的需求，但是随着社会经济的发展，人们对数据通信业务的需求日益增高，已不再满足以话音业务为主的移动通信网所提供的服务。第三代移动通信系统（3G）是在第二代移动通信技术基础上进一步演进的，以宽带码分多址（Code Division Multiple Access，CDMA）技术为主，并能同时提供话音和数据业务。

　　3G 与 2G 的主要区别是在传输语音和数据速率上的提升，它能够在全球范围内更好地实现无线漫游，并处理图像、音乐、视频流等多种媒体形式，提供网页浏览、电话会议、电

子商务等多种信息服务，同时也考虑与已有第二代系统的良好兼容性。目前国内支持国际电联确定的 3 个无线接口标准分别是，中国电信运营的 cdma 2000、中国联通运营的 WCDMA（Wideband Code Division Multiple Access）和中国移动运营的 TD-SCDMA（Time-Division Synchronous Code Division Multiple Access）。3 种制式的对比如表 1.2 所示。

　　TD-SCDMA 由我国信息产业部电信科学技术研究院提出，采用不需配对频谱的时分双工（Time Division Duplexing，TDD）工作方式，以及 FDMA、TDMA、CDMA 相结合的多址接入方式，载波带宽为 1.6MHz，对支持上下行不对称业务有优势。TD-SCDMA 系统还采用了智能天线、同步 CDMA、自适应功率控制、联合检测及接力切换等技术，使其具有频谱利用率高、抗干扰能力强、系统容量大等特点。WCDMA 源于欧洲，同时与日本几种技术相融合，是一个宽带直扩码分多址（DS-CDMA）系统。其核心网是基于演进的 GSM/GPRS 网络技术，载波带宽为 5MHz，可支持 384kbit/s~2Mbit/s 不等的数据传输速率。在同一传输信道中，WCDMA 可以同时提供电路交换和分组交换的服务，提高了无线资源的使用效率。

表 1.2　　　　　　　　　　　　　　　　3 种制式对比

制　　式	WDMA	cdma2000	TD-SCDMA
继承基础	GSM	窄带 CDMA	GSM
同步方式	异步	同步	同步
码片速率	3.84Mcps	1.2288Mcps	1.28Mcps
系统带宽	5MHz	1.25MHz	1.6MHz
核心网	GSM MAP	ANSI-41	GSM MAP
语音编码方式	AMR	QCELP、EVRC、VMR-WB	AMR

　　WCDMA 支持同步/异步基站运行模式、采用上下行快速功率控制、下行发射分集等技术。

　　cdma2000 由高通公司为主导提出，是在 IS-95 基础上的进一步发展，分两个阶段：cdma2000 1xEV-DO（Data Optimized）和 cdma2000 1xEV-DV（Data and Voice）。

　　cdma2000 的空中接口保持了许多 IS-95 空中接口设计的特征，为了支持高速数据业务，还提出了许多新技术：前向发射分集、前向快速功率控制，增加了快速寻呼信道、上行导频信道等。

　　第三代移动通信具有如下基本特征。

　　具有更高的频谱效率、更大的系统容量。

　　能提供高质量业务，并具有多媒体接口：快速移动环境，最高速率达 144kbit/s。

　　室外到室内或系统环境，最高速率达 384kbit/s。

　　室内环境，最高速率达 2Mbit/s。

　　具有更好的抗干扰能力：这是由于其宽带特性，可以通过扩频通信抵抗干扰。

　　支持频间无缝切换，从而支持多层次小区结构。

　　经过 2G 向 3G 的过渡、演进，并与固网兼容。

二、LTE 简介和标准进展

1. LTE 概述

目前 3G 系统仍存在很多不足，如采用电路交换，而不是纯 IP 方式；最大传输速率达不到 2Mbit/s，无法满足用户高带宽要求；多种标准难以实现全球漫游等。正是由于 3G 的局限性推动了人们对下一代移动通信系统——4G 的研究和期待。

第四代移动通信系统可称为宽带接入和分布式网络，其网络结构将是一个采用全 IP 的网络结构。4G 网络采用许多关键技术来支撑，包括：正交频率复用（Orthogonal Frequency Division Multiplexing，OFDM）技术、多载波调制技术、自适应调制和编码（Adaptive Modulation and Coding，AMC）技术、多进多出（Multiple-Input Multiple-Output，MIMO）技术和智能天线技术、基于 IP 的核心网、软件无线电技术以及网络优化和安全性等。另外，为了与传统的网络互连，需要用网关建立网络的互连，所以 4G 将是一个复杂的多协议网络。

当前，全球无线通信正呈现出移动化、宽带化和 IP 化的趋势，移动通信行业的竞争极为激烈。基于 WCDMA 无线接入技术的 3G 移动通信技术已逐渐成熟，正在世界范围内被广泛推广应用。随着宽带无线接入概念的出现，Wi-Fi 和 WiMAX 等无线接入方案迅猛发展，为了维持在移动通信行业中的竞争力和主导地位，第三代合作伙伴计划（3rd Generation Partnership Project，3GPP）在 2004 年 1 月启动了长期演进计划（Long Term Evolution，LTE），以实现 3G 技术向 B3G 和 4G 的平滑过渡。LTE 计划是 3GPP 最近几年启动的最大科研项目，目标是在相当程度上推动 3G 技术的发展，并满足人们未来 10 年左右对于移动通信的技术要求。3GPP 设计的主要目标是满足低时延、低复杂度、低成本的要求，从而实现更高的用户容量、系统吞吐量和端到端的服务质量保证。

3GPP 的标准化进程分为两个阶段。SI（Study Item）阶段，预计 2006 年 6 月完成，主要完成目标需求的定义，明确 LTE 的概念，完成可行性研究报告；但由于一些问题没有解决，研究阶段推迟到 2006 年 9 月才结束。第二阶段：WI（Work Item）阶段，完成 LTE 的标准化工作，同时与 LTE 相配合的 SAE 项目的 SI 也开始进行。

2. TD-LTE 标准的提出

TD-LTE（TDD-Long Term Evolution）是 TDD 版本的 LTE 的技术，FDD-LTE（FDD-Long Term Evolution）的技术是 FDD 版本的 LTE 技术。TDD 和 FDD 的差别就是 TD 采用不对称频率，是用时间进行双工的，而 FDD 采用对称频率来进行双工。TD-LTE 是我国拥有核心自主知识产权的国际标准，是 TD-SCDMA 的后续演进技术，是一种专门为移动高宽带应用而设计的无线通信标准，沿用了 TD-SCDMA 的帧结构。

TD-SCDMA 向 LTE 的演进路线为，首先在 TD-SCDMA 的基础上采用单载波的高速下行分组接入（High Speed Downlink Packet Access，HSDPA）技术，速率达到 2.8Mbit/s；而后采用多载波的 HSDPA，速率达到 7.2Mbit/s；接着到 HSPA+阶段，速率将超过 10Mbit/s，并继续逐步提高它的上行接入能力。最后从 HSPA+演进到 TD-LTE。TD-LTE 的技术优势体现在速率、时延和频谱利用率等多个领域，这使得运营商能够在有限的频谱带宽资源上具备更强大的业务提供能力。另外，在 TD-LTE 的标准化过程中，还要考虑和 TD-SCDMA 的共存性要求。

3. TD-LTE R8 版本

3GPP 于 2008 年 12 月发布 LTE 第一版（Release 8），R8 版本为 LTE 标准的基础版本。目前，R8 版本已非常稳定。R8 版本重点针对 LTE 与 SAE（System Architecture Evolution，系统架构演进）网络的系统架构、无线传输关键技术、接口协议与功能、基本消息流程、系统安全等方面均进行了细致的研究和标准化。

在无线接入网方面，将系统的峰值数据速率提高至下行 100Mbit/s、上行 50Mbit/s；在核心网方面，引入了纯分组域核心网系统架构，并支持多种非 3GPP 接入网技术接入统一的核心网。

从 2004 年概念提出，到 2008 年发布 R8 版本，LTE 的商用标准文本制定及发布整整经历了 4 年时间。对于 TDD 的方式而言，在 R8 版本中，明确采用 Type 2 类型作为唯一的 TDD 物理层帧结构，并且规定了相关物理层的具体参数，即 TD-LTE 方案，这为今后其后续技术的发展，打下坚实的基础。

4. LTE R9 版本

2010 年 3 月发布第二版（Release 9）LTE 标准，R9 版本为 LTE 的增强版本。R9 版本与 R8 版本相比，将针对 SAE 紧急呼叫、增强型 MBMS（E-MBMS）、基于控制面的定位业务，及 LTE 与 WiMAX 系统间的单射频切换优化等课题进行标准化。

另外，R9 版本还将开展一些新课题的研究与标准化工作，包括公共告警系统（Public Warning System，PWS）、业务管理与迁移（Service Alignment and Migration，SAM）、个性回铃音 CRS、多 PDN 接入及 IP 流的移动性、Home eNodeB 安全性，及 LTE 技术的进一步演进与增强（LTE-Advanced）等。

5. TD-LTE 的未来演进

2008 年 3 月在 LTE 标准化终于接近于完成之时，一个在 LTE 基础上继续演进的项目——先进的 LTE（LTE-Advanced）项目又在 3GPP 拉开了序幕。LTE-A 是在 LTE R8/R9 版本的基础上进一步演进和增强的标准，它的一个主要目标是满足国际电联无线电通信部门（ITU-R）关于 IMT-A（4G）标准的需求。

同时，为了维持 3GPP 标准的竞争力，3GPP 制定的 LTE 技术需求指标要高于 IMT-A 的指标。

LTE 相对于 3G 技术，名为"演进"，实为"革命"，但是 LTE-Advanced 将不会成为再一次的"革命"，而是作为 LTE 基础上的平滑演进。LTE-Advanced 系统应自然地支持原 LTE 的全部功能，并支持与 LTE 的前后向兼容性，即 R8 LTE 的终端可以介入未来的 LTE-Advanced 系统，LTE-Advanced 系统也可以接入 R8 LTE 系统。

在 LTE 基础上，LTE-Advanced 的技术发展更多地集中在无线资源管理（Radio Resource Management，RRM）技术和网络层的优化方面，主要使用了如下一些新技术。

载波聚合：核心思想是把连续频谱或若干离散频谱划分为多个成员载波（Component Carrier，CC），允许终端在多个子频带上同时进行数据收发。通过载波聚合，LTE-A 系统可以支持最大 100MHz 带宽，系统/ 终端最大峰值速率可达 1Gbit/s 以上。

增强上下行 MIMO：LTE R8/R9 下行支持最多 4 数据流的单用户 MIMO，上行只支持多用户 MIMO。LTE-A 为提高吞吐量和峰值速率，在下行支持最高 8 数据流单用户 MIMO，上行支持最高 4 数据流单用户 MIMO。

中继（Relay）技术：基站不直接将信号发送给 UE，而是先发给一个中继站（Relay Station，RS），然后再由 RS 将信号转发给 UE。无线中继很好地解决了传统直放站的干扰问题，不但可以提升蜂窝网络容量、增强覆盖扩展等性能，更可以提供灵活、快速的部署，弥补回传链路缺失的问题。

协作多点传输技术（Coordinative Multiple Point，CoMP）：是 LTE-A 中为了实现干扰规避和干扰利用而进行的一项重要研究，包括两种：小区间干扰协调技术（Coordinated Scheduling），也称为"干扰避免"；协作式 MIMO 技术（Joint Processing），也称为"干扰利用"。两种方式通过不同的技术降低小区间干扰，提高小区边缘用户的服务质量和系统的吞吐量。

针对室内和热点场景进行优化：未来移动网络中除了传统的宏蜂窝、微蜂窝，还有微微蜂窝以及家庭基站，这些新节点的引入使得网络拓扑结构更加复杂，形成了多种类型节点共同竞争相同无线资源的全新干扰环境。LTE-Advanced 的重点工作之一应该放在优化室内场景方面。

6. TD-LTE 与 FDD-LTE 系统的对比

LTE 系统定义了频分双工（FDD）和时分双工（TDD）两种双工方式。FDD 是指在对称的频率信道上接收和发送数据，通过保护频段分离发送和接收信道的方式。TDD 是指通过时间分离发送和接收信道，发送和接收使用同一载波频率的不同时隙的方式。时间资源在两个方向上分配，因此基站和移动台必须协同一致进行工作。

TDD 方式和 FDD 方式相比有一些独特的技术特点：能灵活配置频率，利用 FDD 系统不易使用的零散频段；TDD 方式不需要对称使用频率，频谱利用率高；具有上下行信道互惠性，能够更好地采用传输预处理技术，如预 RAKE 技术、联合传输（JT）技术、智能天线技术等，能有效降低移动终端的处理复杂性。

但是，TDD 双工方式相较于 FDD，也存在明显的不足：TDD 方式的时间资源在两个方向上分配，因此基站和移动台必须协同一致进行工作，对同步要求高，系统较 FDD 复杂；TDD 系统上行受限，因此 TDD 基站的覆盖范围明显小于 FDD 基站；TDD 系统收发信道同频，无法进行干扰隔离，系统内和系统间存在干扰；另外，TDD 对高速运动物体的支持性不够。

任务2 LTE 主要指标和需求

【本任务要求】

1. 识记：频谱划分、峰值数据速率、控制面延迟、用户面延迟、频谱效率、频谱灵活性。

2. 领会：覆盖、减小资本性支出（Capital Expenditure，CAPEX）和运营成本（Operating Expense，OPEX）。

3GPP 要求 LTE 支持的主要指标和需求如图 1.2 所示。

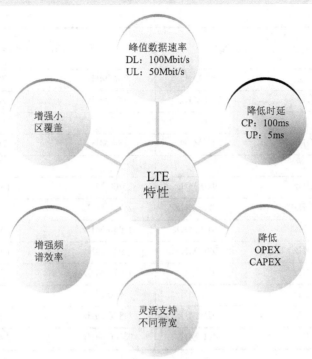

图 1.2　LTE 主要指标和需求概括

一、频谱划分

演进的 UMTS 陆面无线接入网络（Evolved Universal Terrestrial Radio Access Network，E-UTRAN）的频谱划分如表 1.3 所示。

表 1.3　　　　　　　　　　　　　　　　E-UTRAN 频段

E-UTRAN 工作频带	上行（UL）工作频带		下行（UL）工作频带		双工模式
1	1 920 MHz	～　1 980 MHz	2 110 MHz	～　2 170 MHz	FDD
2	1 850 MHz	～　1 910　MHz	1 930 MHz	～　1 990 MHz	FDD
3	1 710 MHz	～　1 785 MHz	1 805 MHz	～　1 880 MHz	FDD
4	1 710 MHz	～　1 755 MHz	2 110 MHz	～　2 155 MHz	FDD
5	824 MHz	～　849 MHz	869 MHz	～　894MHz	FDD
6	830 MHz	～　840　MHz	875 MHz	～　885 MHz	FDD
7	2 500 MHz	～　2 570 MHz	2 620 MHz	～　2 690 MHz	FDD
8	880 MHz	～　915 MHz	925 MHz	～　960 MHz	FDD
9	1 749.9 MHz	～　1 784.9 MHz	1 844.9 MHz	～　1 879.9 MHz	FDD
10	1 710 MHz	～　1 770 MHz	2 110 MHz	～　2 170 MHz	FDD
11	1 427.9 MHz	～　1 452.9 MHz	1 475.9 MHz	～　1 500.9 MHz	FDD
12	698 MHz	～　716 MHz	728 MHz	～　746 MHz	FDD

续表

E-UTRAN 工作频带	上行（UL）工作频带			下行（UL）工作频带			双工模式
13	777 MHz	~	787 MHz	746 MHz	~	756 MHz	FDD
14	788 MHz	~	798 MHz	758 MHz	~	768 MHz	FDD
……							
17	704 MHz	~	716 MHz	734 MHz		746 MHz	FDD
……							
33	1 900 MHz	~	1 920 MHz	1 900 MHz	~	1 920 MHz	TDD
34	2 010 MHz	~	2 025 MHz	2 010 MHz	~	2 025 MHz	TDD
35	1 850 MHz	~	1 910 MHz	1 850 MHz	~	1 910 MHz	TDD
36	1 930 MHz	~	1 990 MHz	1 930 MHz	~	1 990 MHz	TDD
37	1 910 MHz	~	1 930 MHz	1 910 MHz	~	1 930 MHz	TDD
38	2 570 MHz	~	2 620 MHz	2 570 MHz	~	2 620 MHz	TDD
39	1 880 MHz	~	1 920 MHz	1 880 MHz	~	1 920 MHz	TDD
40	2 300 MHz	~	2 400 MHz	2 300 MHz	~	2 400 MHz	TDD

TD-LTE 系统频谱分配，中国移动共获得 130MHz，分别为 1 880～1 900 MHz、2 320～2 370 MHz、2 575～2 635 MHz；中国联通获得 40MHz，分别为 2 300～2 320 MHz、2 555～2 575 MHz；中国电信获得 40MHz，分别为 2 370～2 390 MHz、2 635～2 655 MHz。

FDD-LTE 系统频谱分配，中国电信成功获得了 1.8GHz 的 15M 资源（1 765～1 780/1 860～1 875MHz)，中国联通也获得了 1.8GHz 的 10M 资源（1 755～1 765/1 850～1 860MHz)。

二、峰值数据速率

下行链路的瞬时峰值数据速率在 20MHz 下行链路频谱分配的条件下，可以达到 100Mbit/s（5 bit/s/Hz)（网络侧 2 发射天线，UE 侧 2 接收天线条件下）；上行链路的瞬时峰值数据速率在 20MHz 上行链路频谱分配的条件下，可以达到 50Mbit/s（2.5 bit/s/Hz)（UE 侧 1 发射天线情况下）。宽频带、MIMO、高阶调制技术都是提高峰值数据速率的关键所在。

三、控制面延迟

从驻留状态到激活状态，控制面的传输时延小于 100ms，这个时间不包括寻呼时延和 NAS 时延；从睡眠状态到激活状态，控制面传输时延小于 50ms，这个时间不包括 DRX 间隔。

另外控制面容量频谱分配是在 5MHz 的情况下，期望每小区至少支持 200 个激活状态的用户。在更高的频谱分配情况下，期望每小区至少支持 400 个激活状态的用户。

四、用户面延迟

用户面延迟定义为一个数据包从 UE 的 IP 层传输到无线接入网（RAN）边界节点的单

向传输时间。这里所说的 RAN 边界节点指的是 RAN 和核心网的接口节点。

在"零负载"（即单用户、单数据流）和"小 IP 包"（即只有一个 IP 头，而不包含任何有效载荷）的情况下，期望的用户面延迟不超过 5ms。

五、用户吞吐量

下行链路：

（1）每 MHz 用户吞吐量应达到 R6 HSDPA（高速下行链路分组接入的 R6 版本）的 2~3 倍。

（2）每 MHz 平均用户吞吐量应达到 R6 HSDPA 的 3～4 倍。

此时 R6 HSDPA 是 1 发 1 收，而 LTE 是 2 发 2 收。

上行链路：

（1）在 5% 累计概率分布（CDF）处的每 MHz 用户吞吐量应达到 R6 HSUPA（高速上行链路分组接入的 R6 版本）的 2～3 倍。

（2）每 MHz 平均用户吞吐量应达到 R6 HSUPA 的 2～3 倍。

此时 R6 HSUPA 是 1 发 2 收，LTE 也是 1 发 2 收。

六、频谱效率

下行链路：在一个有效负荷的网络中，LTE 频谱效率（用每站址、每赫兹、每秒的比特数衡量）的目标是 R6 HSDPA 的 3~4 倍。此时 R6 HSDPA 是 1 发 1 收，而 LTE 是 2 发 2 收。

上行链路：在一个有效负荷的网络中，LTE 频谱效率的目标是 R6 HSUPA 的 2~3 倍。此时 R6 HSUPA 是 1 发 2 收，LTE 也是 1 发 2 收。

七、移动性

E-UTRAN 能为低速移动（0～15km/h）的移动用户提供最优的网络性能，能为 15～120km/h 的移动用户提供高性能的服务，能使以 120～350km/h（甚至在某些频段下，可以达到 500km/h）速率移动的移动用户保持蜂窝网络的移动性。

在 R6 CS 域（电路域）提供的话音和其他实时业务在 E-UTRAN 中将通过 PS 域（分组域）支持，这些业务应该在各种移动速度下都能够达到或者高于 UTRAN 的服务质量。E-UTRAN 系统内切换造成的中断时间应等于或者小于 GSM/EDGE 无线接入网络（GSM EDGE Radio Access Network，GERAN）CS 域的切换时间。

超过 250km/h 的移动速度是一种特殊情况（如高速列车环境），E-UTRAN 的物理层参数设计应该能够在最高 350km/h 的移动速度（在某些频段甚至应该支持 500km/h）下保持用户和网络的连接。

八、覆盖

E-UTRAN 系统应该能在重用目前 UTRAN 站点和载频的基础上灵活地支持各种覆盖场景，实现上述用户吞吐量、频谱效率和移动性等性能指标。

E-UTRAN 系统在不同覆盖范围内的性能要求如下。

（1）覆盖半径在 5km 内：上述用户吞吐量、频谱效率和移动性等性能指标必须完全满足。

（2）覆盖半径在 30km 内：用户吞吐量指标可以略有下降，频谱效率指标可以下降，但仍在可接受范围内，移动性指标仍应完全满足。

（3）覆盖半径最大可达 100km。

九、频谱灵活性

频谱灵活性一方面支持不同大小的频谱分配。例如，E-UTRAN 可以在不同大小的频谱中部署，包括 1.4 MHz、3 MHz、5 MHz、10 MHz、15 MHz 以及 20 MHz，支持成对和非成对频谱。

频谱灵活性另一方面支持不同频谱资源的整合。

十、互操作

E-UTRAN 与其他 3GPP 系统的互操作需求包括但不限于：

（1）E-UTRAN 和 UTRAN/GERAN 多模终端支持对 UTRAN/GERAN 系统的测量，并支持 E-UTRAN 系统和 UTRAN/GERAN 系统之间的切换。

（2）E-UTRAN 应有效支持系统间测量。

（3）对于实时业务，E-UTRAN 和 UTRAN 之间的切换中断时间应低于 300ms。

（4）对于非实时业务，E-UTRAN 和 UTRAN 之间的切换中断时间应低于 500ms。

（5）对于实时业务，E-UTRAN 和 GERAN 之间的切换中断时间应低于 300ms。

（6）对于非实时业务，E-UTRAN 和 GERAN 之间的切换中断时间应低于 500ms。

（7）处于非激活状态的多模终端只需监测 GERAN、UTRAN 或 E-UTRAN 中一个系统的寻呼信息。

任务3 LTE 总体架构

【本任务要求】

（1）识记：系统结构、无线协议结构、S1 接口、X2 接口。

（2）领会：系统结构网元功能。

一、系统结构

LTE 采用了与 2G、3G 均不同的空中接口技术、即基于 OFDM 技术的空中接口技术，并对传统 3G 的网络架构进行了优化，采用扁平化的网络架构，即接入网 E-UTRAN 不再包含无线网络控制器（Radio Network Controller，RNC），仅包含节点演进型 Node B（evolved node B，eNodeB），提供 E-UTRAN 用户面分组数据汇聚协议（Packet Data Convergence Protocol，PDCP）、无线链路控制层协议（Radio Link Control，RLC）、媒体接入控制协议（Media Access Control，MAC）、物理层协议的功能和控制面无线资源控制协议（Radio Resource Control，RRC）的功能。E-UTRAN 的系统结构如图 1.3 所示，LTE 核心网分组核心网演进（Evolved Packet Core，EPC）结构如图 1.4 所示。

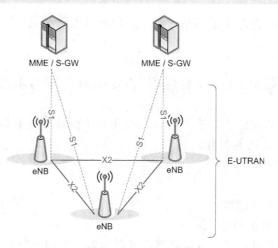

图 1.3 E-UTRAN 结构

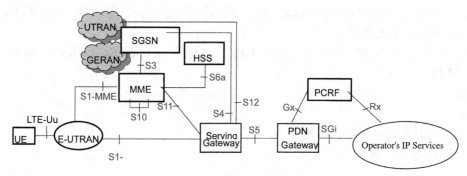

图 1.4 LTE 核心网 EPC 结构

eNodeB 之间由 X2 接口互连,每个 eNodeB 又和演进型分组核心网 EPC 通过 S1 接口相连。S1 接口的用户面终止在服务网关(Serving Gateway,SGW)上,S1 接口的控制面终止在移动性管理实体(Mobility Management Entity,MME)上。控制面和用户面的另一端终止在 eNodeB 上。图 1.4 中各网元节点的功能划分如下。

1. eNodeB 功能

LTE 的 eNodeB 除了具有原来 NodeB 的功能之外,还承担了原来 RNC 的大部分功能,包括物理层功能、MAC 层功能、RLC 层、PDCP 功能、RRC 功能、调度、无线接入许可控制、接入移动性管理以及小区间的无线资源管理功能等,具体如下。

无线资源管理:无线承载控制、无线接纳控制、连接移动性控制、上下行链路的动态资源分配(即调度)等功能。

IP 头压缩和用户数据流的加密。

当从提供给 UE 的信息无法获知到 MME 的路由信息时,选择 UE 附着的 MME。

路由用户面数据到 SGW。

调度和传输从 MME 发起的寻呼消息。

调度和传输从 MME 或 O&M 发起的广播信息。

用于移动性和调度的测量和测量上报的配置。

调度和传输从 MME 发起的 ETWS（即地震和海啸预警系统）消息。

2．MME 功能

MME 是 SAE 的控制核心，主要负责用户接入控制、业务承载控制、寻呼、切换控制等控制信令的处理。

MME 功能与网关功能分离，这种控制平面/用户平面分离的架构，有助于网络部署、单个技术的演进以及全面灵活的扩容。

NAS（即非接入层）信令。

NAS 信令安全。

AS （即接入层）安全控制。

3GPP 无线网络的网间移动信令。

Idle 空闲状态 UE 的可达性（包括寻呼信号重传的控制和执行）。

跟踪区列表管理。

PGW（Packet Data Network Gateway，分组数据网络网关）和 SGW 的选择切换中需要改变 MME 时的 MME 选择。

切换到 2G 或 3GPP 网络时的服务 GPRS 支持节点（Service GPRS Support Node，SGSN）选择。

漫游。

鉴权。

包括专用承载建立的承载管理功能。

支持 ETWS 信号传输。

3．SGW 功能

SGW 作为本地基站切换时的锚点，主要负责以下功能：在基站和公共数据网关之间传输数据信息；为下行数据包提供缓存；基于用户的计费等。

eNodeB 间切换时，本地的移动性锚点。

3GPP 系统间的移动性锚点。

在 E-UTRAN idle 状态下，下行包缓冲功能，以及网络触发业务请求过程的初始化。

合法侦听。

包路由和前转。

上、下行传输层包标记。

运营商间的计费时，基于用户和 QCI（即 Qos 等级标识）粒度统计分别以 UE、PDN、QCI 为单位的上下行计费。

4．PDN 网关（PGW）功能

公共数据网关 PGW 作为数据承载的锚定点，提供以下功能：包转发、包解析、合法监听、基于业务的计费、业务的 QoS 质量控制，以及负责和非 3GPP 网络间的互连等。

基于每用户的包过滤（如借助深度包探测方法）。

合法侦听。

UE 的 IP 地址分配。

下行传输层包标记。

上下行业务级计费、门控和速率控制。

基于聚合最大比特速率（AMBR）的下行速率控制。

从 E-UTRAN 结构图中可见，新的 LTE 架构中，没有了原有的 Iu、Iub 和 Iur 接口，取而代之的是新接口 S1 和 X2。

二、无线协议结构

1．控制面协议结构

控制面协议结构如图 1.5 所示。

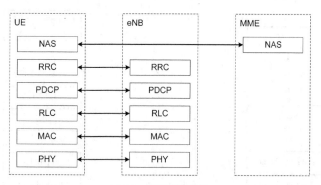

图 1.5　控制面协议栈

PDCP 在网络侧终止于 eNodeB，需要完成控制面的加密、完整性保护等功能。

RLC 和 MAC 在网络侧终止于 eNodeB，在用户面和控制面执行功能没有区别。

RRC 在网络侧终止于 eNodeB，主要实现广播、寻呼、RRC 连接管理、资源块（Resource Block，RB）控制、移动性功能、UE 的测量上报和控制功能。

NAS 控制协议在网络侧终止于 MME，主要实现 LTE 系统承载管理、鉴权、ECM（系统连接性管理）、idle 状态下的移动性处理、idle 状态下发起寻呼、安全控制功能。

2．用户面协议结构

用户面协议栈结构如图 1.6 所示。

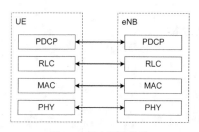

图 1.6　用户面协议栈

用户面 PDCP、RLC、MAC 在网络侧均终止于 eNodeB，主要实现头压缩、加密、调度、自动重传请求（Automatic Repeat Request，ARQ）、混合自动重传请求（Hybrid

Automatic Repeat Request，HARQ）功能。

三、S1 和 X2 接口

与 2G、3G 都不同，S1 和 X2 均是 LTE 新增的接口。

1. S1 接口

S1 接口定义为 E-UTRAN 和 EPC 之间的接口。S1 接口包括两部分：控制面 S1-MME 接口和用户面 S1-U 接口。S1-MME 接口定义为 eNodeB 和 MME 之间的接口；S1-U 定义为 eNodeB 和 SGW 之间的接口。S1-MME 的协议栈结构如图 1.7 所示，S1-U 接口的协议栈结构如图 1.8 所示。

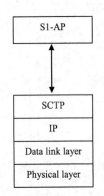

图 1.7　S1-MME 接口的协议栈结构

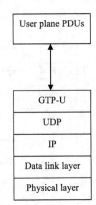

图 1.8　S1-U 接口的协议栈结构

已经确定的 S1 接口支持功能如下。

（1）演进的无线接入承载（Evolved Radio Access Bearer，E-RAB）业务管理功能：建立、修改、释放。

（2）UE 在 ECM-CONNECTED（即系统连接状态）状态下的移动性功能：LTE 系统内切换、与 3GPP 系统间切换。

（3）S1 寻呼功能。

（4）NAS 信令传输功能。

（5）S1 接口管理功能：错误指示、复位。

（6）网络共享功能。

（7）漫游和区域限制支持功能。

（8）NAS 节点选择功能。

（9）初始上下文建立功能。

（10）UE 上下文修改功能。

（11）MME 负载均衡功能。

（12）位置上报功能。

（13）ETWS 消息传输功能。

（14）过载功能。

（15）RAN 信息管理功能。

已经确定的 S1 接口的信令过程如下。

（1）E-RAB 信令过程： E-RAB 建立过程、E-RAB 修改过程、MME 发起的 E-RAB 释放过程、eNodeB 发起的 E-RAB 释放过程。

（2）切换信令过程：切换准备过程、切换资源分配过程、切换结束过程、切换取消过程。

（3）寻呼过程。

（4）NAS 传输过程：上行直传（初始 UE 消息）、上行直传（上行 NAS 传输）、下行直传（下行 NAS 传输）。

（5）错误指示过程：eNodeB 发起的错误指示过程、MME 发起的错误指示过程。

（6）复位过程：eNodeB 发起的复位过程、MME 发起的复位过程。

（7）初始上下文建立过程。

（8）UE 上下文修改过程。

（9）S1 建立过程。

（10）eNodeB 配置更新过程。

（11）MME 配置更新过程。

（12）位置上报过程：位置上报控制过程、位置报告过程、位置报告失败指示过程。

（13）过载启动过程。

（14）过载停止过程。

（15）写置换预警过程。

（16）直传信息转移过程。

一个 S1 接口信令过程示例，如图 1.9 所示。

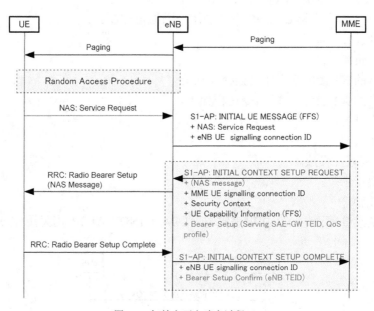

图 1.9　初始上下文建立过程

S1 接口和 X2 接口的相似之处是：S1-U 和 X2-U 使用同样的用户面协议，以便于

eNodeB 在数据反传（data forward）时，减少协议处理。

2．X2 接口

X2 接口定义为各个 eNodeB 之间的接口。X2 接口包含 X2-CP 和 X2-U 两部分，X2-CP 是各个 eNodeB 之间的控制面接口，X2-U 是各个 eNodeB 之间的用户面接口。图 1.10 为 X2-CP 接口的协议栈结构，图 1.11 为 X2-U 接口的协议栈结构。

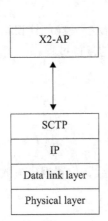

图 1.10　X2-CP 接口的协议栈结构

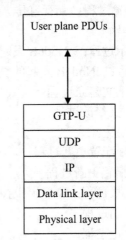

图 1.11　X2-U 接口的协议栈结构

X2-CP 支持以下功能。

（1）UE 在 ECM-CONNECTED 状态下，LTE 系统内的移动性支持功能：

① 上下文从源 eNodeB 到目标 eNodeB 的转移。

② 源 eNodeB 和目标 eNodeB 之间的用户面通道控制。

③ 切换取消。

（2）上行负荷管理。

（3）通常的 X2 接口管理和错误处理功能。

已经确定的 X2-CP 接口的信令过程如下。

（1）切换准备。

（2）切换取消。

（3）UE 上下文释放。

（4）错误指示。

（5）负载管理。

小区间负载管理通过 X2 接口来实现。LOAD INDICATOR 消息用作 eNodeB 间的负载状态通信，如图 1.12 所示。

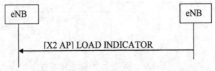

图 1.12　X2 接口的 LOAD INDICATOR 消息

任务 4　LTE 关键技术

【本任务要求】

1. 识记：双工方式、 多址方式、多天线技术、链路自适应、HARQ。

2. 领会：ARQ。

LTE 技术相比 3GPP 之前制定的技术标准，其在物理层传输技术方面有较大的改进。为了便于理解 LTE 系统的核心所在，本任务将重点介绍 TD-LTE 系统中使用的关键技术，如多址接入技术、多天线技术、混合自动重传、链路自适应、干扰协调等。

一、双工方式

LTE 支持 FDD、TDD 两种双工方式。

在 3G 的三大国际标准中，WCDMA 和 CDMA2000 系统也采用了 FDD 双工方式，而 TD-SCDMA 系统采用的是 TDD 双工方式。FDD 双工采用成对频谱资源配置，上下行传输信号分布在不同频带内，并设置一定的频率保护间隔，以免产生相互间干扰。由于 TDD 双工方式采用非成对频谱资源配置，具有更高的频谱效率，所以在第四代移动通信系统 IMT-Advanced 中，得到了广泛的应用，满足更高系统带宽的要求。

基于 TDD 技术的 TD-LTE 系统与 FDD 方式相比，具有以下优势。

（1）频谱效率高，配置灵活。由于 TDD 方式采用非对称频谱，不需要成对的频率，所以能有效利用各种频率资源，满足 LTE 系统多种带宽灵活部署的需求。

（2）灵活地设置上下行转换时刻，实现不对称的上下行业务带宽。TDD 系统可以根据不同类型业务的特点，调整上下行时隙比例，更加灵活地配置信道资源，特别适用于非对称的 IP 型数据业务。但是，这种转换时刻的设置必须与相邻基站协同进行。

（3）利用信道对称性特点，提升系统性能。在 TDD 系统中，上下行工作于同一频率，电波传播的对称特性有利于更好地实现信道估计、信道测量和多天线技术，达到提高系统性能的目的。

（4）设备成本相对较低。由于 TDD 模式移动通信系统的频谱利用率高，同样带宽可提供更多的移动用户和更大的容量，降低了移动通信系统运营商提供同样业务对基站的投资；另外，TDD 模式的移动通信系统具有上下行信道的互惠性，基站的接收和发送可以共用一些电子设备，从而降低了基站的制造成本。因此，相比于 FDD 模式的基站，TDD 模式的基站设备具有成本优势。

除了这些独特的优势，TDD 双工方式也存在一些明显的不足主要表现在以下几个方面。

（1）终端移动速度受限。在高速移动时，多普勒效应会导致时间选择性衰落，速度越快，衰落深度越深，因此必须要求移动速度不能太高。以 3G 系统为例，在目前芯片处理速度和算法的基础上，在使用 TDD 的 TD-SCDMA 系统中，当数据率为 144kbit/s 时，终端的最大移动速度可达 250km/h，与 FDD 系统相比，还有一定的差距。一般 TDD 终端的移动速度只能达到 FDD 终端的一半，甚至更低。

（2）干扰问题更加复杂。由于 TDD 系统收发信道同频，无法进行干扰隔离，系统内和系统间均存在干扰，干扰控制难度更大。

（3）同步要求高。由于上下行信道占用同一频段的不同时隙，为了保证上下行帧的准确接收，系统对终端和基站的同步要求更高。

二、多址方式

多址接入技术（Multiple Access Techniques）是用于基站与多个用户之间通过公共传输媒质建立多条无线信道连接的技术。

移动通信系统中常见的多址技术包括频分多址（FDMA）、时分多址（TDMA）、码分多址（CDMA）、空分多址（SDMA）。FDMA 是以不同的频率信道实现通信。TDMA 是以不同的时隙实现通信。CDMA 是以不同的代码序列实现通信。SDMA 是以不同方位信息实现多址通信。

正交频分多址接入（Orthogonal Frequency Division Multiple access，OFDMA）技术是后3G 时代最主要的一种接入技术。其基本思想是把高速数据流分散到多个正交的子载波上传输，从而使单个子载波上的符号速率大大降低，符号持续时间大大加长，对因多径效应产生的时延扩展有较强的抵抗力，减少了符号间干扰（Inter Symbol Interference，ISI）的影响。

通常在 OFDM 符号前加入保护间隔，只要保护间隔大于信道的时延扩展。就可以完全消除符号间干扰。

LTE 采用 OFDMA 作为下行多址方式，如图 1.13 所示。

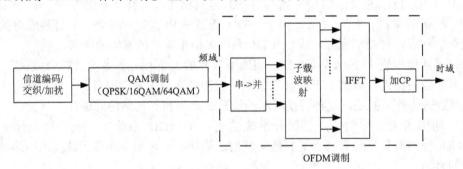

图 1.13　LTE 下行多址方式

LTE 采用离散傅立叶变换扩展 OFDM（Discrete Fourier Transform Spread OFDM，DFT-S-OFDM），或者称为单载波 FDMA（Single Carrier FDMA，SC-FDMA）作为上行多址方式，如图 1.14 所示。

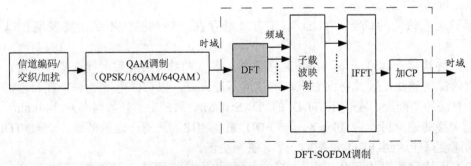

图 1.14　LTE 上行多址方式

三、多天线技术

MIMO（Multiple Input Multiple Output）技术是指利用多发射、多接收天线进行空间分集的技术。它采用分立式多天线，能够有效地将通信链路分解成为许多并行的子信道，从而大大提高容量。在下行链路，多天线发送方式主要包括发送分集、波束赋形、空时预编码以及多用户 MIMO 等；而在上行链路，多用户组成的虚拟 MIMO 也可以提高系统的上行容量。

下行链路多天线传输支持 2 根或 4 根天线。码字最大数目是 2，与天线数目没有必然关系，但是码字和层之间有着固定的映射关系。

多天线技术包括空分复用（Spatial Division Multiplexing，SDM）、发射分集（Transmit Diversity）等技术。SDM 支持单用户 MIMO（SU-MIMO）和多用户 MIMO（MU-MIMO）。当一个 MIMO 信道都分配给一个 UE 时，称之为 SU-MIMO；当 MIMO 数据流空分复用给不同的 UE 时，称之为 MU-MIMO。

上行链路一般采用单发双收的 1×2 天线配置，也可以支持 MU-MIMO，即每个 UE 使用一根天线发射，但是多个 UE 组合起来使用相同的时频资源，以实现 MU-MIMO。

另外 FDD 还可以支持闭环类型的自适应天线选择性发射分集（该功能属于 UE 可选功能）。

四、链路自适应

移动通信的无线传输信道是一个多径衰落、随机时变的信道，这使得通信过程存在不确定性。AMC 链路自适应技术能够根据信道状态信息确定当前信道的容量，根据容量确定合适的编码调制方式，以便最大限度地发送信息，提高系统资源的利用率。

相比在多址方式上的重大修改，TD-LTE 在调制方面基本沿用了原来的技术，没有增加新的选项。基本调制技术就不在这里一一叙述，请读者参考相关文献。TD-LTE 制定了多种调制方案，其下行主要采用四相相移键控（Quadrature Phase Shift Keying，QPSK）、16 正交幅度调制（Quadrature Amplitude Modulation，QAM）和 64QAM 三种调制方式，上行主要采用位移二进制相移键控（Binary Phase Shift Keying，BPSK）、QPSK、16QAM 和 64QAM 4 种调制方式。各物理信道选用的调制方式如表 1.4 所示。

表 1.4　　　　　　　　　　　　LTE 各物理信道的调制方式

上 行 链 路		下 行 链 路	
信 道 类 型	调 制 方 式	信 道 类 型	调 制 方 式
PUSCH	QPSK、16QAM、64QAM	PDSCH	QPSK、16QAM、64QAM
PUCH	BPSK、QPSK	PBCH,PCFICH,PDCCK	QPSK

下行链路自适应：主要指自适应调制编码（Adaptive Modulation and Coding，AMC）通过各种不同的调制方式（QPSK、16QAM 和 64QAM）和不同的信道编码率来实现。

上行链路自适应：包括 3 种链路自适应方法。

（1）自适应发射带宽。

（2）发射功率控制。

（3）自适应调制和信道编码率。

自适应调制和编码 AMC 技术的基本原理是在发送功率恒定的情况下，动态地选择适当的调制和编码方式（Modulation and Coding Scheme，MCS），确保链路的传输质量。当信道条件较差时，降低调制等级和信道编码速率；当信道条件较好时，提高调制等级和编码速率。AMC 技术实质上是一种变速率传输控制方法，能适应无线信道衰落的变化，具有抗多径传播能力强、频率利用率高等优点，但其对测量误差和测量时延敏感。

在发送端，经编码后的数据根据所选定的调制方式调制后，经成形滤波器后进行上变频处理，将信号发射出去。在接收端，接收信号经过前端接收后，所得到的基带信号需要进行信道估计。信道估计的结果一方面送入均衡器，对接收信号进行均衡，以补偿信道对信号幅度、相位、时延等的影响；另一方面信道估计的结果将作为调制方式选择的依据，根据估计出的信道特性，按照一定的算法选择适当的调制方式。在 TD-LTE 系统中定义了 29 种调制编码方案（MCS），其调制方式分别是 QPSK、16QAM 和 64QAM。

TD-LTE 系统在进行 AMC 的控制过程中，对于上下行有着不同的实现方法，具体如下。

（1）下行 AMC 过程：通过反馈的方式获得信道状态信息，终端检测下行公共参考信号，测量下行信道质量，并将测量的信息通过反馈信道反馈到基站侧，基站侧根据反馈的信息调整相应的下行传输 MCS 格式。

（2）上行 AMC 过程：与下行 AMC 过程不同，上行过程不再采用反馈方式获得信道质量信息。基站侧通过测量终端发送的上行参考信号，测量上行信道质量；基站根据所测得信息调整上行传输格式并通过控制信令通知 UE。

五、HARQ

在移动通信系统中，由于无线信道时变特性和多径衰落对信号传输带来的影响以及一些不可预测的干扰导致信号传输失败，需要在接收端检测并纠正错误，即差错控制技术。随着通信系统飞速发展，对数据传输的可靠性要求也越来越高。差错控制技术，即对所传输的信息附加一些保护数据，使信号的内部结构具有更强的规律性和相互关联性，这样，当信号受到信道干扰导致某些信息结构发生差错时，仍然可以根据这些规律发现错误、纠正错误，从而恢复原有的信息。

在数字通信系统中，差错控制机制基本分为两种：前向纠错（Forward Error Correction，FEC）方式和自动重传请求（Automatic Repeat Request，ARQ）方式。FEC 方式是指在信号传输之前，预先对其进行一定的格式处理，接收端接收到这些码字后，按照规定的算法进行解码，以找出错误并纠正错误，其通信系统如图 1.15 所示。

图 1.15 FEC 通信系统

FEC 系统只有一个信道，能自动纠错，不需要重发，因此时延小、实时性好。但不同码率、码长和类型的纠错码的纠错能力不同，当 FEC 单独使用时，为了获得比较低的误码率，往往必须以最坏的信道条件来设计纠错码，因此所用纠错码的冗余度较大，这就降低了编码效率，且实现的复杂度较大。FEC 技术只适用于没有反向信道的系统中。

自动请求重传（ARQ）技术是指接收端通过 CRC 校验信息来判断接收到的数据包的正确性，如果接收数据不正确，则将否定应答（Negative Acknowledgement，NACK）信息反馈给发送端，发送端重新发送数据块；直到接收端接收到正确数据反馈确认信号（Acknowledgement，ACK），停止重发数据。ARQ 方式纠错的通信系统如图 1.16 所示。

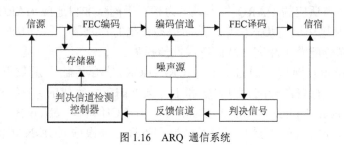

图 1.16　ARQ 通信系统

在 ARQ 技术中，数据包重传的次数与信道的干扰情况有关，若信道干扰较强，质量较差，则数据包可能经常处于重传状态，信息传输的连贯性和实时性较差，但编译码设备简单，较容易实现。ARQ 技术以吞吐量为代价换取可靠性的提高。

结合 FEC、ARQ 两种差错控制技术各自的特点，将 ARQ 和 FEC 两种差错控制方式结合起来使用，即混合自动重传请求（Hybrid Automatic Repeat Request，HARQ）机制。在 HARQ 中采用 FEC 减少重传的次数，降低误码率，使用 ARQ 的重传和 CRC 校验来保证分组数据传输等要求误码率极低的场合。该机制结合了 ARQ 方式的高可靠性和 FEC 方式的高通过效率，在纠错能力范围内自动纠正错误，超出纠错范围则要求发送端重新发送。

TD-LTE 系统采用 N 通道的停等式 HARQ 协议，系统中配置相应的 HARQ 进程数。在等待某个 HARQ 进程的反馈信息过程中，可以继续使用其他的空闲进程传输数据包。从重传的时序安排角度，可将 HARQ 分成同步 HARQ 和异步 HARQ。

（1）同步 HARQ：每个 HARQ 进程的时域位置被限制在预定义的位置，接收端预先已知重传发生的时刻，因此不需要额外的信令开销来指示 HARQ 进程的序号，亦不需要额外的重传控制信令，此时 HARQ 进程的序号可以从子帧号获得。但是，如果同时发送多个同步 HARQ 进程，就需要额外的信令指示。

（2）异步 HARQ：不限制 HARQ 进程的时域位置，一个 HARQ 进程可以发生在任何时刻，接收端预先不知道传输发生的时刻，此时需要通过额外的重传控制信令来指示 HARQ 进程的位置。这种方式在调度方面的灵活性更高，但是增大了系统的信令开销。

除重传的位置外，根据重传时的数据特征是否发生变化，又可以将 HARQ 的工作方式分为自适应 HARQ 和非自适应 HARQ 两种。

（1）自适应 HARQ：在每次重传的过程中，发送端可以根据无线信道条件，自适应地调整每次重传采用的资源块（Resource Block，RB）、调制方式、传输块大小、重传周期等参数。这种方法可看作 HARQ 和自适应调度、自适应调制和编码的结合，可以提高系统在时变信道中的频谱效率。但是，每次传输的过程中，包含传输参数的控制信令信息要一并发送，HARQ 流程的复杂度也相应提高了。

（2）非自适应 HARQ：各次重传均采用预定义好的传输格式，发送端和接收端均预先知道各次重传的资源数量、位置、调制方式等参数，因此包含传输参数的控制信令信息在非自适应系统中不需要传送。

在 TD-LTE 系统中，为了获得更好的合并增益，其上行或者下行链路中采用的是 TYPE-Ⅲ 型的 HARQ。其中，下行采用异步自适应的 HARQ 技术，上行采用同步非自适应 HARQ 技术。

（1）下行 HARQ 流程

下行采用异步自适应的 HARQ 技术，因为相对于同步非自适应 HARQ 技术而言，异步 HARQ 更能充分利用信道的状态信息，从而提高系统的吞吐量，另一方面，异步 HARQ 可以避免重传时资源分配发生冲突，从而造成性能损失。

下行异步 HARQ 操作是通过上行 ACK/NACK 信令传输、新数据指示（New Date Indicator，NDI）、下行资源分配信令传输和下行数据的重传完成的。UE 首先通过物理上行控制信道（Physical Uplink Control Channel，PUCCH）向 eNodeB 反馈上次传输的 ACK/NACK 信息，eNodeB 对此信息进行调制和处理，并根据 ACK/NACK 信息和下行资源分配情况对重传数据进行调度，然后物理下行共享信道（Physical Downlink Shared Channel，PDSCH）按照下行调度的时域位置发送重传数据，经一定的时延，UE 接收到重传数据并处理，处理完成后通过 PUCCH 再次反馈对此次重传的 ACK/NACK 信息，至此，一次下行 HARQ 数据包传送完成。

（2）上行同步 HARQ 流程

虽然异步自适应 HARQ 技术相比同步非自适应技术而言，在调度方面的灵活性更高，但是后者所需的信令开销更少。由于上行链路的复杂性，来自其他小区用户的干扰是不确定的，因此基站无法精确估测出各个用户实际的信噪比（SINR）值，上行链路的平均传输次数会高于下行链路。因此，考虑到控制信令的开销问题，在上行链路确定使用同步非自适应 HARQ 技术。

上行同步 HARQ 操作是通过上行 ACK/NACK 信令传输、新数据指示符（New Dateindicator，NDI）和上下行数据的重传来完成的。每次重传的信道编码冗余版本（Redundancy Version，RV）和传输格式都是预定义好的，不需要额外的信令支持。只需要 1bit 的 NDI 指示此次传输是新数据的首次传输，还是旧数据的重传。eNodeB 首先通过物理 HARQ 指示信道（Physical HARQ Indicator Channel，PHICH）向 UE 反馈上次传输的 ACK/NACK 信息。

经一定的时延，UE 接收到此信息并进行解调和处理，根据 ACK/NACK 信息在预定义的时域位置，通过物理上行共享信道（Physical Upwnlink Shared Channel，PUSCH）发送重传数据，经过一定的时延到达 eNodeB 端，eNodeB 对上行重传数据进行处理，并通过 PHICH 再次反馈对此次重传的 ACK/NACK 信息。至此，一次上行 HARQ 数据包传送完成。

六、小区干扰抑制和协调

现有的蜂窝移动通信系统提供的数据率在小区中心和小区边缘有很大的差异，不仅影响了整个系统的容量，而且使用户在不同位置的服务质量有很大的波动。小区间干扰（Inter-Cell Interference，ICI）是蜂窝移动通信系统中的一个固有问题。LTE 采用正交频分多址接入（Orthogonal Frequency Division Multiple Access，OFDMA）技术，依靠频率之间的正交性作为区分用户的方式，比 CDMA 技术更好地解决了小区内干扰的问题。但是作为代价，

OFDM 系统带来的 ICI 问题可能比 CDMA 系统更严重。对于小区中心用户来说，其本身离基站的距离就比较近，而外小区的干扰信号距离较远，则其信噪比相对较大；但是对于小区边缘的用户，由于相邻小区占用同样载波资源的用户对其干扰比较大，加之本身距离基站较远，其信噪比相对就较小，导致虽然小区整体的吞吐量较高，但是小区边缘的用户服务质量较差，吞吐量较低。因此，在 LTE 中，小区间干扰抑制技术非常重要。

3GPP 提出了多种解决干扰的方案，包括干扰随机化、干扰消除和干扰协调技术。其中，干扰随机化利用干扰的统计特性对干扰进行抑制，误差较大。干扰消除技术可以明显改善小区边缘的系统性能，获得较高的频谱效率。但是它对带宽较小的业务不太适用，系统实现比较复杂。干扰协调技术最为简单，能很好地抑制干扰，可以应用于各种带宽的业务。

（一）小区间干扰随机化

干扰随机化就是要将干扰随机化，使窄带的有色干扰等效为白噪声干扰，这种方式不能降低干扰的能量。常用的干扰随机化方法有两种：序列加扰和交织。

（1）小区特定的加扰：序列加扰通过在时域加入伪随机序列的方法获得干扰白化效果。如果没有加扰，接收端（UE）的解码器就不能区分接收到的信号是来自本小区，还是来自其他的小区，它既可能对本小区信号进行解码，也可能对其他小区信号进行解码，使得性能降低。在这种方案中，通过不同的扰码区分不同的小区信息，接收端只对特定小区的信号进行解码，达到了抑制干扰的目的。

（2）小区特定的交织：通过对各小区的信号采用不同的交织图案进行信道交织，获得干扰白化效果。采用伪随机交织器产生大量的随机种子，为不同的小区产生不同的交织图案，交织图案的数量取决于交织器的长度。对每种交织图案进行编号，接收端通过检查交织模式的编号决定使用何种交织模式。在空间距离较远的地方，可以复用相同的交织图案。

（二）小区间干扰消除

干扰消除技术最初是在 CDMA 系统中提出的，是对干扰小区的信号解调、解码，然后利用接收端的处理增益从接收信号中消除干扰信号分量，有以下两种小区干扰消除的方法。

（1）利用接收端的多天线空间抑制方法来进行干扰消除：利用从两个相邻小区到 UE 的空间信道差异区分服务小区和干扰小区的信号，从理论上说，配置双接收天线的 UE 应可以分辨两个空间信道。这项技术不依赖任何额外的信号区分手段（如频分、码分、交织器分），而仅依靠空分手段，很难取得满意的干扰消除效果。

（2）基于检测/删除的方法：这种技术是通过将干扰信号解调/解码后，对该干扰信号进行重构，然后从接收信号中减去。最典型的是迭代干扰消除技术。该方案通过伪随机交织器产生不同的交织图案，并分配给不同的小区，接收机采用不同的交织图案解交织，即可将目标信号和干扰信号分别解出，然后从总的接收信号中减去干扰信号，进而有效地提高接收信号的信噪比。

（三）小区间干扰协调与回避

干扰协调的基本思想是为小区间按照一定的规则和方法，协调资源的调度和分配，以减少本小区对相邻小区的干扰，提高相邻小区在这些资源上的信噪比以及小区边缘的数据速率和覆盖。按照协调的方式，干扰协调可以分为静态干扰协调、半静态干扰协调和动态干扰协调。

1．静态干扰协调

在这种方式中，资源限制的协商和实施在部署网络时完成，在网络运营的时期可以调整，限定各个小区的资源调度和分配策略，避免小区间的干扰。在这种情况下，eNodeB 之间的信息交互量非常有限，信息交互的周期也较长。比较典型的静态干扰协调方式是西门子等公司提出的部分频率复用方案。

部分频率复用技术，即频率复用因子是可变的。由于 TD-LTE 系统同频干扰主要影响小区边缘用户的质量，因此小区中心用户可以使用相同的频率资源，频率复用因子为 1，小区边缘用户、相邻的小区的频率复用因子为 3，如图 1.17 所示。

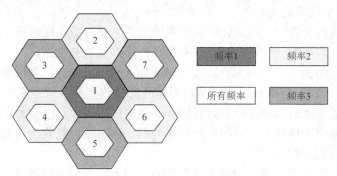

图 1.17　部分频率切换示意图

将整个频率子载波分成 3 个不同的部分，允许小区中心的用户使用所有频率资源，并使用较小的发射功率，因此可以认为在这些频带上的信号能量能够较好地被限制在小区内部，而不会对相邻小区造成明显的干扰。小区 1 的边缘只使用第一段频率，小区 2、4、6 的边缘只使用第二频段，小区 3、5、7 的边缘只使用第三频段，即边缘用户只能按照一定的频率规则使用部分频率且 eNodeB 需要采用较高的功率发射。

部分频率复用技术不需要在 X2 接口交互资源利用信息，但不能根据小区中心和边缘用户的比例以及系统符合情况调整资源集合，系统的频谱利用率低。

2．半静态干扰协调

小区间慢速地交互小区内用户功率信息、小区负载信息、资源分配信息、干扰信息等，小区利用这些信息，调整中心和边缘用户的频率资源分配，以及功率大小来协调干扰，提高边缘用户性能。在这种情况下，信息交互的周期在数十秒至数分钟量级。半静态干扰协调的主要功能模块包括中心、边缘用户判断，上行和下行负载信息的提示，负载信息的收发管理，以及负载信息处理及其对资源调度、功率控制的影响。具体的步骤和功能如下。

（1）区分小区中心、边缘用户

通过测量控制消息配置 UE 测量参考信号接收功率（Reference Signal Receiving Power，RSRP），测量控制消息中配置合理的门限和上报方法，基站通过终端上报的 RSRP 信息判断用户位置。

（2）负载信息产生

预测边缘用户需要的频率或功率资源数量以及位置，根据预测结果设置相应的 PRB 上的高干扰协调指示（High Interference Indicator，HII）和相关窄带 Tx 功率（Relative

Narrowband TX Power，RNTP）指示；预测时需要考虑邻区的负载信息。上行过载指示（Overload Indicator，OI）根据实际测量结果来设置，通常基于上行干扰功率相对于 IoT 目标值来判断干扰级别，其中 IoT 目标值为系统配置的上行总干扰相对于热噪声功率的目标。

（3）负载信息收发管理

负责根据负载信息的变化，触发性能或者周期性地通过 X2 接口向邻区报告负载信息。

（4）负载处理信息

根据接收到的邻区的负载信息设置 物理资源块（Physical Nesource Block ，PRB）的调度优先级、干扰等级和功控参数等,主要影响调度和功率控制模块。

3．动态干扰协调

动态干扰协调是在小区间实时动态地进行协调调度，降低小区间干扰的方法。动态干扰协调的周期为毫秒量级，要求小区间实时地交互信息，资源协调的时间通常以传输时间间隔（Transmission Time Interval，TTI） 为单位。由于 E-UTRAN 系统基站间的 X2 接口的典型时延为 10~20ms，不同基站间小区无法实现完全实时的动态干扰协调，因此 TD-LTE 系统中不采用此技术。动态干扰协调更多地用于同一基站的不同扇区间的干扰协调。

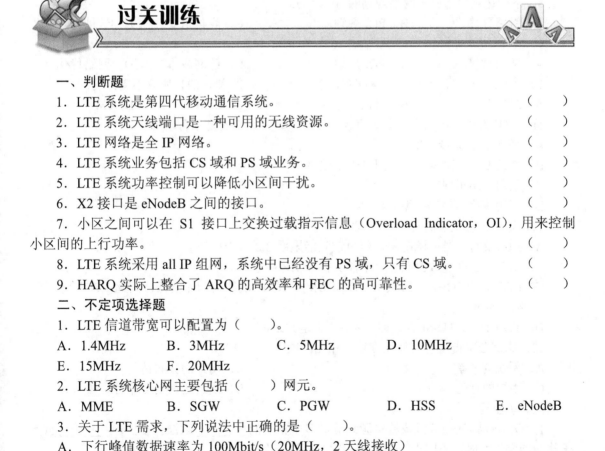

过关训练

一、判断题

1．LTE 系统是第四代移动通信系统。 （   ）

2．LTE 系统天线端口是一种可用的无线资源。 （   ）

3．LTE 网络是全 IP 网络。 （   ）

4．LTE 系统业务包括 CS 域和 PS 域业务。 （   ）

5．LTE 系统功率控制可以降低小区间干扰。 （   ）

6．X2 接口是 eNodeB 之间的接口。 （   ）

7．小区之间可以在 S1 接口上交换过载指示信息（Overload Indicator，OI），用来控制小区间的上行功率。 （   ）

8．LTE 系统采用 all IP 组网，系统中已经没有 PS 域，只有 CS 域。 （   ）

9．HARQ 实际上整合了 ARQ 的高效率和 FEC 的高可靠性。 （   ）

二、不定项选择题

1．LTE 信道带宽可以配置为（   ）。

A．1.4MHz   B．3MHz   C．5MHz   D．10MHz

E．15MHz   F．20MHz

2．LTE 系统核心网主要包括（   ）网元。

A．MME   B．SGW   C．PGW   D．HSS   E．eNodeB

3．关于 LTE 需求，下列说法中正确的是（   ）。

A．下行峰值数据速率为 100Mbit/s（20MHz，2 天线接收）

B. 用户面时延为 5ms

C. 不支持离散的频谱分配

D. 支持不同大小的频段分配

4. 关于 LTE 网络整体结构，下列说法中正确的有（　　）。

A. E-UTRAN 用 E-NodeB 替代原有的 RNC-NodeB 结构

B. 各网络节点之间的接口使用 IP 传输

C. 通过 IMS 承载综合业务

D. E-NodeB 间的接口为 S1 接口

5. 与 CDMA 相比，OFDM 的优势有（　　）。

A. 频谱效率高 　　　　　　　　　　　　B. 带宽扩展性强

C. 抗多径衰落 　　　　　　　　　　　　D. 频域调度及自适应

E. 抗多普勒频移 　　　　　　　　　　　F. 实现 MIMO 技术较简单

6. 下列网元属于 E-UTRAN 的有（　　）。

A. SGW 　　　　　B. E-NodeB 　　　　　C. MME 　　　　D. EPC

7. SC-FDMA 与 OFDM 相比，（　　）。

A. 能够提高频谱效率 　　　　　　　　　B. 能够简化系统实现

C. 没区别 　　　　　　　　　　　　　　D. 能够降低峰均比

8. 下列选项中不属于网络规划的有(　　)。

A. 链路预算 　　　　B. PCI 规划 　　　　C. 容量估算 　　　D. 选址

9. 容量估算与（　　）互相影响。

A. 链路预算 　　　　B. PCI 规划 　　　　C. 建网成本 　　　D. 网络优化

10. LTE 支持灵活的系统带宽配置，以下（　　）带宽是 LTE 协议不支持的。

A. 5M 　　　　　　B. 10M 　　　　　　C. 20M 　　　　　D.40M

11. LTE 为了解决深度覆盖的问题，以下（　　）措施是不可取的。

A. 增加 LTE 系统带宽

B. 降低 LTE 工作频点，采用低频段组网

C. 采用分层组网

D. 采用家庭基站等新型设备

12. 以下说法正确的有（　　）。

A. LTE 支持多种时隙配置，但目前只能采用 2:2 和 3:1

B. LTE 适合高速数据业务，不能支持 VOIP 业务

C. LTE 在 2.6GHz 的路损与 TD-SCDMA 2GHz 的路损相比要低，因此 LTE 更适合高频段组网

D. TD-LTE 和 TD-SCDMA 共存不一定是共站址

13. 比例公平调度与其他调度算法相比兼顾了（　　）。

A. 系统的效率 　　　　　　　　　　　　B. 用户的分布情况

C. 用户的行为 　　　　　　　　　　　　D. 用户之间的公平性

三、填空题

1. OFDMA 从频域对载波资源划分成多个正交的_____载波，小区内_____间无干扰，同频组网时，不同小区使用相同时频资源，存在_____间干扰。

2．影响小区吞吐量的主要因素有_____、_____、_____、_____、_____。

3．LTE 的物理层上行采用_____技术，下行采用_____技术。

4．LTE 要求下行速率达到_____，上行速率达到_____；UE 的切换方式采用_____。

5．在 EPC 架构中，与 eNodeB 连接的控制面实体叫_____，用户面实体叫_____。

6．ICIC 技术是用来解决_____。

四、简答题

1．LTE 有哪些关键技术？请列举简要说明。

2．画出 LTE 系统的组网图及标注接口。

OFDM 基本原理

【本模块问题引入】在无线通信系统中，重点要解决时间选择性衰落和频率选择性衰落。采用 OFDM 技术可以很好地解决这两种衰落对无线信道传输造成的不利影响。本模块通过介绍 OFDM 的基本原理、关键技术，以及在 LTE 系统中的应用等知识，为后续学习 LTE 协议原理打下良好的基础。

【本模块内容简介】OFDM 系统概述、OFDM 关键技术、OFDM 在 LTE 系统中的应用。

【本模块重点难点】OFDM 关键技术、OFDM 在 LTE 系统中的应用。

【本课程模块要求】

1. 识记：无线信道传播特性、OFDM 的基本概念、OFDM 的优缺点、保护间隔、循环前缀、同步技术、降峰均比技术、OFDM 在下行链路中的应用、OFDM 在上行链路中的应用。

2. 领会：无线信道的大尺度衰落、阴影衰落、无线信道的多径衰落、无线信道的时变性以及多普勒频移、信道估计、DFTS-OFDM。

任务 1　OFDM 系统概述

【本任务要求】

1. 识记：无线信道传播特性、OFDM 的基本概念、OFDM 的优缺点。

2. 领会：无线信道的大尺度衰落、阴影衰落、无线信道的多径衰落、无线信道的时变性以及多普勒频移。

一、无线信道传播特性

与其他通信信道相比，移动信道是最为复杂的一种。电波传播的主要方式是空间波，即直射波、折射波、散射波以及它们的合成波，再加之移动台本身的运动，使得移动台与基站之间的无线信道多变并且难以控制。信号通过无线信道时，会遭受各种衰落的影响，无线信道对信号的影响可以分为如下 3 种。

（1）电波中自由空间内的传播损耗，也被称作大尺度衰落。

（2）阴影衰落，表示由于传播环境的地形起伏，建筑物和其他障碍物对地波的阻塞或遮蔽而引起的衰落，被称作中等尺度衰落。

（3）多径衰落，表示无线电波中空间传播存在反射、绕射、衍射等，造成信号可以经过多条路径到达接收端，而每个信号分量的时延、衰落和相位都不相同，因此在接收端对多个信号的分量叠加时造成同相增加，异相减小的现象，这也被称作小尺度衰落。

图 2.1 所示为这 3 种衰落情况。

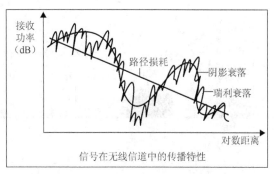

图 2.1　信号在无线信道中的传播特性

此外，由于移动台的运动，还会使得无线信道呈现出时变性，其中一种具体表现就是出现多普勒频移。自由空间的传播损耗和阴影衰落主要影响到无线区域的覆盖，通过合理的设计就可以消除这种不利影响。

二、无线信道的大尺度衰落

无线电波在自由空间内传播，其信号功率会随着传播距离的增加而减小，这会对数据速率以及系统的性能产生不利影响。

如果不采用其他特殊技术，则数据的符号速率以及电波的传播范围都会受到很大的限制，但是在一般的蜂窝系统中，由于小区的规模相对较小，所以这种大尺度衰落对移动通信系统的影响并不需要单独考虑。

三、阴影衰落

当电磁波在空间传播受到地形起伏、高大建筑物的阻挡，在这些障碍物后面会产生电磁场的阴影，造成场强中值的变化，从而引起衰落，这被称作阴影衰落。

与多径衰落相比，阴影衰落是一种宏观衰落，是以较大的空间尺度来衡量的，其中衰落特性符合对数正态分布，其中接收信号的局部场强中值变化的幅度取决于信号频率和障碍物状况。频率较高的信号比低频信号更加容易穿透障碍物，而低频信号比较高频率的信号具备更强的绕射能力。

四、无线信道的多径衰落

无线移动信道的主要特征是多径传播，即接收机接收到的信号是通过不同的直射、反射、折射等路径到达接收机，如图 2.2 所示。

由于电波通过各个路径的距离不同，因而各条路径中发射波的到达时间、相位都不相同。不同相位的多个信号在接收端叠加，如果同相叠加，则使信号幅度增强，反相叠加则会削弱信号幅度。这样，接收信号的幅度将会发生急剧变化，产生衰落。

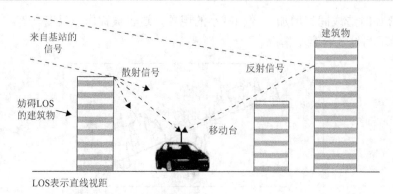

图 2.2　无线信号的多径传播

例如，发射端发送一个窄脉冲信号，则在接收端可以收到多个窄脉冲，每一个窄脉冲的衰落和时延以及窄脉冲的个数都是不同的，对应一个发送脉冲信号。接收端接收到的信号情况如图 2.3 所示。这样就造成了信道的时间弥散性（Time Dispersion），其中 τ_{max} 被定义为最大时延扩展。

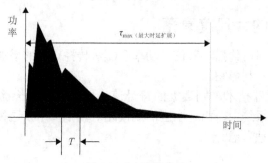

图 2.3　多径接收信号

在传输过程中，由于时延扩展，接收信号中的一个符号的波形会扩展到其他符号当中，造成符号间干扰（Intersymbol Interference，ISI）。为了避免产生 ISI，应该令符号速率要大于最大时延扩展的倒数，由于移动环境十分复杂，不同地理位置、不同时间测量到的时延扩展都可能是不同的，因此需要采用大量测量数据的统计平均值。不同信道环境下的时延扩展值如表 2.1 所示。

表 2.1　　　　　　　　　　　　　不同信道环境下的时延扩展值

环　　境	最大时延扩展	最大到达路径差
室内	40 ~ 200ns	12 ~ 16m
室外	1 ~ 20μs	300 ~ 5 000m

在频域内，与时延扩展相关的另一个重要概念是相干带宽，在实际应用中，通常用最大时延扩展的倒数来定义相干带宽。

从频域角度观察，多径信号的时延扩展可以导致频率选择性衰落（Frequency-Selective Fading），即针对信号中不同的频率成分，无线传输信道会呈现不同的随机响应，由于信号中不同频率分量的衰落不一致，所以经过衰落之后，信号波形会发生畸变。由此可以看到，当信号的频率较高，信号带宽超过无线信道的相干带宽时，信号通过无线信道后，各频率分量的变化不同，引起信号波形的失真，造成符号间干扰，此时就认为发生了频率选择性衰落；反之，当信号的传输速率较低，信道带宽小于相干带宽时，信号通过无线信道后各频率分量都受到相同的衰落，因而衰落波形不会失真，没有符号间干扰，则认为信号只是经历了平衰落，即非频率选择性衰落。相干带宽是无线信道的一个特性，至于信号通过无线信道时，是出现频率选择性衰落还是平衰落，要取决于信号本身的带宽。

五、无线信道的时变性以及多普勒频移

当移动台在运动中通信时，接收信号的频率会发生变化，称为多普勒效应，这是任何波动过程都具有的特性。以可见光为例，假设一个发光物体在远处以固定的频率发出光波，可以接收到的频率应该与物体发出的频率相同。现在假定该物体开始向我们运动，当光影发出第 2 个波峰时，它离我们的距离应该要比发出第一个波峰到达我们的距离要短，因此两个波峰到达我们的时间间隔变小了，与此相应，我们接收到的频率就会增加；相反，当发光物体远离我们而去时，我们收到的频率减小，这就是多普勒效应的原理。在天体物理学中，天文学家利用多普勒效应可以判断出其他星系的恒星都在远离我们而去，从而得出宇宙是在不断膨胀的结论。这种称为多普勒效应的频率和速率的关系是我们日常熟悉的。例如，我们在路边听汽车汽笛的声音：当汽车接近我们时，其汽笛音调变高（对应频率增加）；而当它驶离我们时，汽笛音调又会变低（对应频率减小）。信道的时变性是指信道的传递函数是随时间而变化的，即在不同时刻发送相同的信号，在接收端收到的信号不相同，如图 2.4 所示。

图 2.4   多径造成的信道时变性

时变性在移动通信系统中的具体体现之一就是多普勒频移（Doppler Shift），即单一频率信号经过时变衰落信道之后会呈现为具有一定带宽和频率包络的信号，如图 2.5 所示。这又可称为信道的频率弥散性（Frequency Dispersion）。

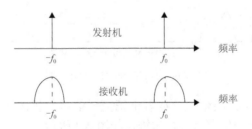

图 2.5   多普勒频移造成的信道频率弥散性

当移动台向入射波方向移动时，多普勒频移为正，即移动台接收到的信号频率会增加；如果背向入射波方向移动，则多普勒频移为负，即移动台接收到的信号频率会减小。由于存在多普勒频移，所以当单一频率信号（f_0）到达接收端时，其频谱不再是位于频率轴 $\pm f_0$ 处的单纯 δ 函数，而是分布在一定范围内的，存在一定宽度的频谱。表 2.2 所示为两种载波情况下，不同移动速度时的最大多普勒频移数值。

表 2.2 　　　　　　　　　　　　　　最大多普勒频偏（Hz）

载波 \ 速度	100 km/h	75 km/h	50 km/h	25 km/h
900MHz	83	62	42	21
2GHz	185	139	93	46

　　从时域来看，与多普勒频移相关的另一个概念就是相干时间。相干时间是信道冲击响应维持不变的时间间隔的统计平均值。换句话说，相干时间就是指一段时间间隔，在此间隔内，两个到达信号有很强的幅度相关性。如果基带信号带宽的倒数（符号宽度）大于无线信道的相干时间，那么信号的波形就可能会发生变化，造成信号畸变，产生时间选择性衰落，也称为快衰落；反之，如果符号的宽度小于相干时间，则认为是非时间选择性衰落，即慢衰落。

　　自由空间的传播损耗和阴影衰落主要影响到无线区域的覆盖，通过合理的设计就可以消除这种不利影响。在无线通信系统中，重点要解决时间选择性衰落和频率选择性衰落。采用 OFDM 技术可以很好地解决这两种衰落对无线信道传输造成的不利影响。

六、OFDM 的基本概念

　　在传统的并行数据传输系统中，整个信号频段被划分为 N 个相互不重叠的频率子信道。每个子信道传输独立的调制符号，然后再将 N 个子信道进行频率复用。这种避免信道频谱重叠看起来有利于消除信道间的干扰，但是这样又不能有效利用频谱资源。正交频分复用（Orthogonal Frequency Division Multiplexing，OFDM）是一种能够充分利用频谱资源的多载波传输方式。常规频分复用与 OFDM 的信道分配情况如图 2.6 所示。可以看出 OFDM 至少能够节约二分之一的频谱资源。

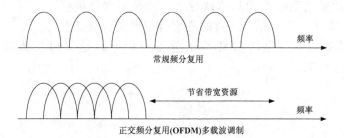

图 2.6　复用与 OFDM 的信道分配

　　OFDM 的主要思想是：将信道分成若干正交子信道，将高速数据信号转换成并行的低速子数据流，调制到每个子信道上进行传输，如图 2.7 所示。

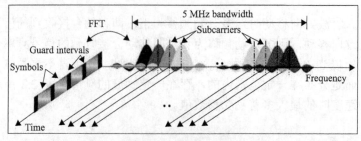

图 2.7　OFDM 基本原理

OFDM 利用快速傅立叶反变换（Inverse Fast Fourier Transform，IFFT）和快速傅立叶变换（Fast Fourier Transform，FFT）来实现调制和解调，如图 2.8 所示。

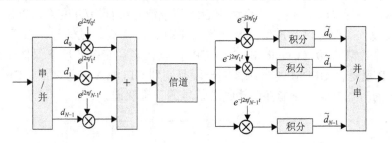

图 2.8　调制解调过程

OFDM 的调制解调流程如下。

（1）发射机在发射数据时，将高速串行数据转为低速并行，利用正交的多个子载波进行数据传输。

（2）各个子载波使用独立的调制器和解调器。

（3）各个子载波之间要求完全正交，各个子载波收发完全同步。

（4）发射机和接收机要精确同频、同步，准确进行位采样。

（5）接收机在解调器的后端进行同步采样，获得数据，然后转为高速串行。

在向 B3G/4G 演进的过程中，OFDM 是关键的技术之一，可以结合分集、时空编码，干扰和信道间干扰抑制以及智能天线技术，最大限度地提高系统性能。

20 世纪 50 年代 OFDM 的概念就已经被提出，但是受限于上面的步骤（2）和步骤（3），传统的模拟技术很难实现正交的子载波，因此早期没有得到广泛的应用。随着数字信号处理技术的发展，提出了采用 FFT 实现正交载波调制的方法，为 OFDM 的广泛应用奠定了基础。此后，为了克服通道多径效应和定时误差引起的 ISI 符号间干扰，又提出了添加循环前缀的思想。

在传统 FDM 系统中，为了避免各子载波间的干扰，相邻载波之间需要较大的保护频带，频谱效率较低。OFDM 系统允许各子载波之间紧密相临，甚至部分重合，通过正交复用方式避免频率间干扰，降低了保护间隔的要求，从而实现很高的频率效率。两种复用方式的频谱使用对比如图 2.9 所示。

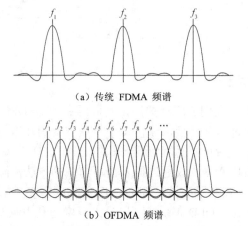

（a）传统 FDMA 频谱

（b）OFDMA 频谱

图 2.9　传统 FDMA 和 OFDMA 频谱使用对比

3.2.1 下行多址传输

TD-LTE 下行多址接入方式 OFDMA 的示意图如图 2.10 所示。发端信号先进行信道编码与交织，然后进行 QAM 调制，将调制后的频域信号进行串/并变换，以及子载波映射，并对所有子载波上的符号进行逆傅立叶变换（IFFT）后生成时域信号，然后在每个 OFDM 符号前插入一个循环前缀（Cyclic Prefix, CP），以在多径衰落环境下保持子载波之间的正交性。插入 CP 就是将 OFDM 符号尾部的一段复制到 OFDMA 符号之前，CP 长度只有长于主要多径分量的时延扩展，才能保证接收端信号的正确解调。

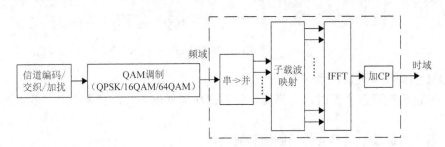

图 2.10　LTE 下行多址方式 OFDMA 的示意图

3.2.2 上行多址传输

DFT-S-OFDM（离散傅立叶变换扩展 OFDM）是基于 OFDM 的一项改进技术，在 TD-LTE 中，之所以选择 DFT-S-OFDM，即 SC-FDMA（单载波 FDMA）作为上行多址方式，是因为与 OFDM 相比，DFT-S-OFDM 具有单载波的特性，因而其发送信号峰均比较低，在上行功放要求相同的情况下，可以提高上行的功率效率，降低系统对终端的功耗要求。LTE 上行多址方式的示意图如图 2.11 所示。

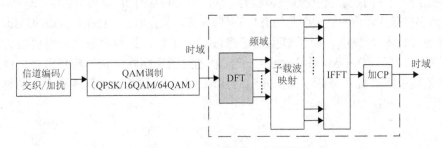

图 2.11　LTE 上行多址方式示意图

七、OFDM 的优缺点

OFDM 系统越来越受到人们的广泛关注，其原因在于 OFDM 系统只有如下主要优点。

（1）把高速数据流通过串并转换，使得每个子载波上的数据符号持续长度相对增加，从而可以有效地减小无线信道的时间弥散所带来的 ISI，这样就减小了接收机内均衡的复杂度，有时甚至可以不采用均衡器，仅通过插入循环前缀的方法消除 ISI 的不利影响。

（2）OFDM 系统由于各个子载波之间存在正交性，允许子信道的频谱相互重叠，因此与常规的频分复用系统相比，OFDM 系统可以最大限度地利用频谱资源。

（3）各个子信道中这种正交调制和解调可以采用快速傅立叶变换（FFT）和快速傅立叶

反变换（IFFT）来实现。

（4）无线数据业务一般都存在非对称性，即下行链路中传输的数据量要远大于上行链路中的数据传输量，如 Internet 业务中的网页浏览、文件传输协议（File Transportation Protocol，FTP）下载等。另一方面，移动终端功率一般小于 1W，在大蜂窝环境下传输速率低于 10～100kbit/s；而基站发送功率可以较大，有可能提供 1Mbit/s 以上的传输速率。因此无论从用户数据业务的使用需求，还是从移动通信系统自身的要求考虑，都希望物理层支持非对称高速数据传输，而 OFDM 系统可以很容易地通过使用不同数量的子信道来实现上行和下行链路中不同的传输速率。

（5）由于无线信道存在频率选择性，不可能所有的子载波都同时处于比较深的衰落情况中，因此可以通过动态比特分配以及动态子信道的分配方法，充分利用信噪比较高的子信道，从而提高系统的性能。

（6）OFDM 系统易于与其他多种接入方法相结合使用，构成 OFDMA 系统，其中包括多载波码分多址 MC-CDMA、跳频 OFDM 以及 OFDM-TDMA 等，使得多个用户可以同时利用 OFDM 技术传递信息。

（7）因为窄带干扰只能影响一小部分的子载波，因此 OFDM 系统可以在某种程度上抵抗这种窄带干扰。

OFDM 系统内由于存在多个正交子载波，而其输出信号是多个子载波的叠加，因此与单载波系统相比，存在如下主要缺点。

（1）易受频率偏差的影响：由于子信道的频谱相互覆盖，这就对它们之间的正交性提出了严格的要求，然而由于无线信道存在时变性，在传输过程中会出现无线信号的频率偏移，如多普勒频移，或者发射机载波频率与接收机本地振荡器之间存在的频率偏差，都会使得 OFDM 系统子载波之间的正交性遭到破坏，从而导致子信道间的信号相互干扰，这种对频率偏差敏感是 OFDM 系统的主要缺点之一。

（2）存在较高的峰值平均功率比：与单载波系统相比，由于多载波调制系统的输出是多个子信道信号的叠加，因此多个信号的相位一致时，所得到的叠加信号的瞬时功率就会远远大于信号的平均功率，导致出现较大的峰值平均功率比（Peak to Average Power Ratio，PAPR）。这就对发射机内放大器的线性提出了很高的要求，如果放大器的动态范围不能满足信号的变化，则会为信号带来畸变，使叠加信号的频谱发生变化，从而导致各个子信道信号之间的正交性遭到破坏，产生相互干扰，使系统性能恶化。

任务 2　OFDM 的关键技术

【本任务要求】
（1）识记：保护间隔、循环前缀、同步技术、降峰均比技术。
（2）领会：信道估计。

一、保护间隔和循环前缀

采用 OFDM 的一个主要原因是它可以有效地对抗多径时延扩展。通过把输入的数据流变换到 N 个并行的子信道中，使得每个用于调制子载波的数据符号周期可以扩大为原始数

据符号周期的 N 倍，因此时延扩展与符号周期的比值也同样降低 N 倍。为了最大限度地消除符号间干扰，还可以在每个 OFDM 符号之间插入保护间隔（Guard Interval），而且该保护间隔长度 T_g 一般要大于无线信道的最大时延扩展，这样一个符号的多径分量就不会对下一个符号造成干扰。在这段保护间隔内，可以不插入任何信号，即是一段空闲的传输时段。然而在这种情况下，由于多径传播的影响，会产生载波间干扰（Inter-Carrier Interference，ICI），即子载波之间的正交性遭到破坏，不同的子载波之间产生干扰，如图 2.12 所示。

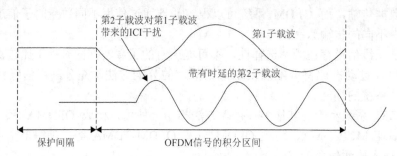

图 2.12　空闲保护间隔引起 ICI

由于每个 OFDM 符号中都包括所有的非零子载波信号，而且也会同时出现该 OFDM 符号的时延信号，因此图 2.2 中给出了第 1 子载波和第 2 子载波的时延信号，从图中可以看出，由于在 FFT 运算时间长度内，第 1 子载波与带有时延的第 2 子载波之间的周期数之差不再是整数，所以当接收机试图对第 1 子载波进行解调时，第 2 子载波会对此造成干扰。同样，当接收机对第 2 子载波进行解调时，有时会存在来自第 1 子载波的干扰。

为了消除由于多径造成的 ICI，OFDM 符号需要在其保护间隔内填入循环前缀信号，如图 2.13 所示。这样就可以保证在 FFT 周期内，OFDM 符号的延时副本内包含波形的周期数也是整数。这样，时延小于保护间隔 T_g 的时延信号就不会在解调过程中产生 ICI。

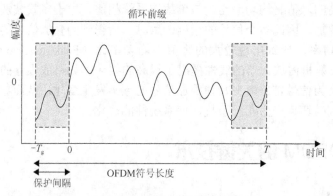

图 2.13　OFDM 符号的循环前缀

通常，当保护间隔占到 20% 时，功率损失也不到 1dB。但是带来的信息速率损失达 20%，而在传统的单载波系统中存在信息速率（带宽）的损失。但是插入保护间隔可以消除 ISI 和多径造成的 ICI 的影响，因此这个代价是值得的。加入保护间隔之后，基于 IFFT 的 OFDM 系统框图如图 2.14 所示。

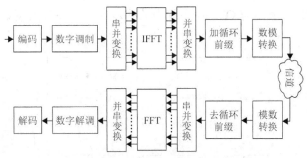

图 2.14　IFFT 实现 OFDM 调制并加入循环前缀

采用 IFFT 实现 OFDM 调制并加入循环前缀的过程如图 2.14 所示。输入串行数据信号，经过串/并转换之后输出的并行数据就是要调制到相应子载波上的数据符号，相应的这些数据可以看成是一组位于频域上的数据。经过 IFFT 之后，出来的一组并行数据是位于离散的时间点上的数据，这样 IFFT 就实现了频域到时域的转换。

OFDM 符号的传输情况如图 2.15 所示。

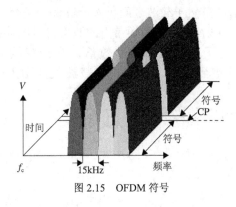

图 2.15　OFDM 符号

二、同步技术

同步在通信系统中占据非常重要的地位。例如，当采用同步解调或相干检测时，接收机需要提取一个与发射载波同频同相的载波；同时还要确定符号的起始位置等。

一般的通信系统中存在如下的同步问题。

（1）发射机和接收机的载波频率不同。

（2）发射机和接收机的采样频率不同。

（3）接收机不知道符号的定时起始位置。

OFDM 符号由多个子载波信号叠加构成，各个子载波之间利用正交性来区分，确保这种正交性对于 OFDM 系统来说是至关重要的，因此它对载波同步的要求也就相对较严格。在 OFDM 系统中存在如下几个方面的同步要求。

（1）载波同步：接收端的振荡频率要与发送载波同频同相。

（2）样值同步：接收端和发射端的抽样频率一致。

（3）符号定时同步：IFFT 和 FFT 起止时刻一致。

与单载波系统相比，OFDM 系统对同步精度的要求更高，同步偏差会在 OFDM 系统中引起 ISI 及 ICI。图 2.16 所示为 OFDM 系统中的同步要求，并且大概给出各种同步在系统中所处的位置。

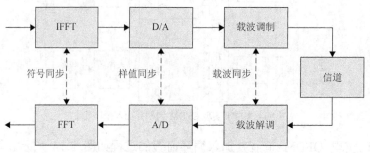

图 2.16　OFDM 系统内的同步示意图

1. 载波同步

发射机与接收机之间的频率偏差导致接收信号在频域内发生偏移。如果频率偏差是子载波间隔的 n（n 为整数）倍，虽然子载波之间仍然能够保持正交，但是频率采用值已经偏移了 n 个子载波的位置，造成映射在 OFDM 频谱内的数据符号的误码率高达 50%。

如果载波频率偏差不是子载波间隔的整数倍，在子载波之间就会存在能量的"泄漏"，子载波之间的正交性遭到破坏，从而在子载波之间引入干扰，使得系统的误码率性能恶化。

载波同步与失步情况下的性能比较如图 2.17 所示。

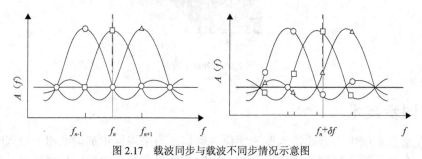

图 2.17　载波同步与载波不同步情况示意图

通常通过两个过程实现载波同步，即捕获（Acquisition）模式和跟踪（Tracing）模式。在跟踪模式中，只需要处理很小的频率波动；但是当接收机处于捕获模式时，频率偏差可以较大，可能是子载波间隔的若干倍。

接收机中第一阶段的任务是要尽快估计粗略频率，解决载波的捕获问题；第 2 阶段的任务是能够锁定并且执行跟踪任务。把上述同步任务分为两个阶段的好处是：由于每一阶段内的算法只需要考虑其特定阶段内所要求执行的任务，因此可以在设计同步结构中引入较大的自由度。这也就意味着，在第 1 阶段（捕获阶段）内只需要考虑如何在较大的捕获范围内粗略估计载波频率，不需要考虑跟踪性能如何；而在第 2 阶段（跟踪阶段）内，只需要考虑如何获得较高的跟踪性能。

2．符号定时同步

由于在 OFDM 符号之间插入了循环前缀保护间隔，因此 OFDM 符号定时同步的起始时刻可以在保护间隔内变化，而不会造成 ICI 和 ISI，如图 2.18 所示。

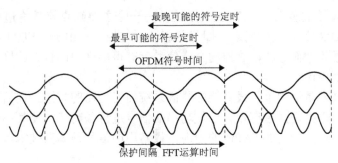

图 2.18　OFDM 符号定时同步的起始时刻

只有当 FFT 运算窗口超出了符号边界，或者落入符号的幅度滚降区间，才会造成 ICI 和 ISI。因此，OFDM 系统对符号定时同步的要求会相对较宽松，但是在多径环境中，为了获得最佳的系统性能，需要确定最佳的符号定时。尽管符号定时的起点可以在保护间隔内任意选择，但是容易得知，任何符号定时的变化，都会增加 OFDM 系统对时延扩展的敏感程度，因此系统所能容忍的时延扩展会低于其设计值。为了尽量减小这种负面的影响，需要尽量减小符号定时同步的误差。

当前提出的关于多载波系统的符号定时同步和载波同步大都采用插入导频符号的方法，这会导致带宽和功率资源的浪费，降低系统的有效性。实际上，几乎所有的多载波系统都采用插入保护间隔的方法来消除符号间串扰。为了克服导频符号浪费资源的缺点，通常利用保护间隔所携带的信息完成符号定时同步和载波频率同步的最大似然估计算法。

同步是 OFDM 系统中非常关键的问题，同步性能的优劣直接影响到 OFDM 技术能否真正被用于无线通信领域。在 OFDM 系统中，存在多种级别的同步：载波同步、符号定时同步以及样值同步，其中每一级别的同步都会对 OFDM 系统性能造成影响。可以看到，只要合理地选择适当的同步方法，就可以在 OFDM 系统内实现同步，从而为其在无线通信系统中的应用打下坚实的基础。

三、信道估计

加入循环前缀后的 OFDM 系统可以等效为 N 个独立的并行子信道。如果不考虑信道噪声，N 个子信道上的接收信号等于各自子信道上的发送信号与信道的频谱特性的乘积。如果通过估计方法预先获知信道的频谱特性，将各子信道上的接收信号与信道的频谱特性相除，即可正确解调接收信号。

常见的信道估计方法有基于导频信道和基于导频符号（参考信号）两种，多载波系统具有时频二维结构，因此采用导频符号的辅助信道估计更灵活。导频符号辅助方法是在发送端信号中的某些固定位置插入一些已知的符号和序列，在接收端利用这些导频符号和导频序列按照某些算法估计信道。在单载波系统中，导频符号和导频序列只能在时间轴方向插入，在接收端提取导频符号估计信道脉冲响应。在多载波系统中，可以同时在时间轴和频率轴两个方向插入导频符号，在接收端提取导频符号估计信道传输函数。只要导频符号在时间和频率方向上的间隔相对于信道带宽足够小，就可以采用在二维内插入滤波的方法来估计信道传输函数。

四、降峰均比技术

除了对频率偏差敏感之外，OFDM 系统的另一个主要缺点就是峰值功率与平均功率比（简称峰均比（PAPR））过高的问题，即与单载波系统相比，由于 OFDM 符号是由多个独立的经过调制的信号相加而成的，这样的合成信号就有可能产生比较大的峰值功率，由此带来较大的峰值平均功率比。

信号预畸变技术是最简单、最直接的降低系统内峰均比的方法。在信号被送到放大器之前，首先经过非线性处理，对有较大峰值功率的信号进行预畸变，使其不会超出放大器的动态变化范围，从而避免较大的 PAPR 的出现。最常用的信号预畸变技术包括限幅和压缩扩张2 种方法。

1. 限幅

信号经过非线性部件之前进行限幅，就可以使峰值信号低于所期望的最大电平值。尽管限幅非常简单，但是它也会为 OFDM 系统带来相关的问题。首先，对 OFDM 符号幅度进行畸变，会对系统造成自身干扰，从而导致系统的 BER 性能降低。其次，OFDM 信号的非线性畸变会导致带外辐射功率值的增加，其原因在于限幅操作可以被认为是 OFDM 采样符号与矩形窗函数相乘，如果 OFDM 信号的幅值小于门限值，则该矩形窗函数的幅值为 1；而如果信号幅值需要被限幅，则该矩形窗函数的幅值应该小于 1。根据时域相乘等效于频域卷积的原理，经过限幅的 OFDM 符号频谱等于原始 OFDM 符号频谱与窗函数频谱的卷积，因此其带外频谱特性主要由两者之间频谱带宽较大的信号决定，也就是由矩形窗函数的频谱决定。

为了克服矩形窗函数所造成的带外辐射过大的问题，可以利用其他的非矩形窗函数，如图 2.19 所示。

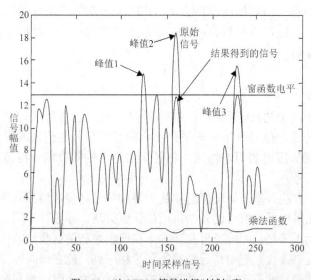

图 2.19　对 OFDM 符号进行时域加窗

总之，选择窗函数的原则就是：其频谱特性比较好，而且也不能在时域内过长，避免对更多个时域采样信号造成影响。

2．压缩扩张

除了限幅方法之外，还有一种信号预畸变方法就是对信号实施压缩扩张。在传统的扩张方法中，需要把幅度比较小的符号放大，而大幅度信号保持不变，这一方面增加了系统的平均发射功率，另一方面使得符号的功率值更加接近功率放大器的非线性变化区域，容易造成信号失真。

因此给出一种改进的压缩扩张变换方法。在这种方法中，把大功率发射信号压缩，而把小功率信号放大，从而使发射信号的平均功率相对保持不变。这样不但可以减小系统的PAPR，而且可以使小功率信号抗干扰的能力有所增强。μ 律压缩扩张方法可以用于这种方法中，在发射端对信号实施压缩扩张操作，而在接收端实施逆操作，恢复原始数据信号。压缩扩张变化的 OFDM 系统基带简图如图 2.20 所示。

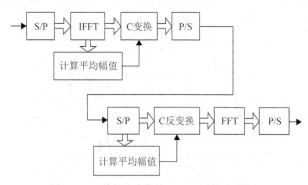

图 2.20　压缩扩张变化的 OFDM 系统基带简图

任务3　OFDM 的应用

【本任务要求】

1．识记：OFDM 在下行链路中的应用、OFDM 在上行链路中的应用。

2．领会：DFTS-OFDM。

一、OFDM 在下行链路中的应用

LTE 系统下行链路采用正交频分多址接入（Orthogonal Frequency Division Multiple Access，OFDMA）方式，是基于 OFDM 的应用。

OFDMA 将传输带宽划分成相互正交的子载波集，通过将不同的子载波集分配给不同的用户，在不同移动终端之间灵活共享可用资源，从而实现不同用户之间的多址接入。这可以看成是一种 OFDM+FDMA+TDMA 技术相结合的多址接入方式。如果将 OFDM 本身理解为一种传输方式，所有的资源包括时间、频率都分配给了一个用户，如图 2.21（a）所示。OFDM 融入 FDMA 的多址方式后如图 2.21（b）所示，就可以将子载波分配给不同的用户使用，此时 OFDM+FDMA 与传统的 FDMA 多址接入方式最大的不同就是，分配给不同用户的相邻载波之间是部分重叠的。如果在时间轴上对载波资源予以动态分配，就构成了 OFDM+FDMA+TDMA 的多址方式，如图 2.21（c）所示。根据每个用户需求的数据传输速率、当时的信道质量对频率资源进行动态分配。

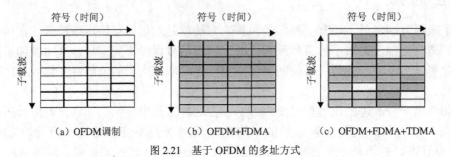

（a）OFDM调制　　　（b）OFDM+FDMA　　　（c）OFDM+FDMA+TDMA

图 2.21　基于 OFDM 的多址方式

在 OFDMA 系统中，可以为每个用户分配固定的时间-频率方格图，使每个用户使用特定的部分子载波，而且各个用户之间所用的子载波是不同的，如图 2.22 所示。

频率	a	d		a	d		a	d	
	a	d		a	d		a	d	
	a	c	c	a	c	c	a	c	c
	a	c	c	a	c	c	a	c	c
	b	e	g	b	e	g	b	e	g
	b	e	g	b	e	g	b	e	g
	b	f	g	b	f	g	b	f	g
	b	f	g	b	f	g	b	f	g

时　间

图 2.22　固定分配子载波的 OFDMA 方案时频示意图

在 OFDMA 方案中，还可以很容易地引入跳频技术，即在每个时隙中，可以根据跳频图样来选择每个用户所使用的子载波频率。这样允许每个用不同的跳频图样进行跳频，就可以把 OFDMA 系统变化成为跳频 CDMA 系统，从而利用跳频的优点为 OFDM 系统带来好处。跳频 OFDMA 的最大好处在于为小区内的多个用户设计正交跳频图样，从而可以相对容易地消除小区内的干扰，如图 2.23 所示。

时　间

图 2.23　跳频 OFDMA 方案

OFDMA 把跳频和 OFDM 技术相结合，构成一种灵活的多址方案，其主要优点如下。

（1）OFDMA 系统可以不受小区内干扰的影响，因此 OFDMA 系统可以获得更大的系统容量。

（2）OFDMA 可以灵活地适应带宽要求。OFDMA 只需简单地改变所使用的子载波数量，就可以适用于特定的传输带宽。

（3）当用户的传输速率提高时，OFDMA 与动态信道分配技术结合使用，可支持高速数据的传输。

二、OFDM 在上行链路中的应用

OFDM 系统的输出是多个子信道信号的叠加，如果多个信号的相位一致，所得到的叠加信号的瞬时功率就会远远高于信号的平均功率。PAPR 高，对发射机的线性度提出了很高的要求。因此在上行链路，基于 OFDM 的多址接入技术并不适合在 UE 侧使用。LTE 上行链路所采用的 SC-FDMA 多址接入技术基于 DFT-S-OFDM 传输方案，同 OFDM 相比，它具有较低的峰均比。

1. DFT-spread OFDM 多址接入技术

DFTS-OFDM 的调制过程如图 2.24 所示。

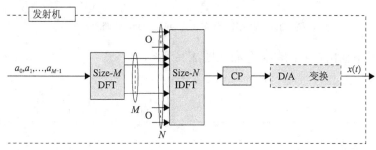

图 2.24　DFTS-OFDM 调制

DFT-S-OFDM 的调制过程是以长度为 M 的数据符号块为单位完成的。

（1）通过 DFT 离散傅立叶变换，获取该时域离散序列的频域序列。这个长度为 M 的频域序列要能够准确描述出 M 个数据符号块所表示的时域信号。改变输入信号的数据符号块 M 的大小，实现频率资源的灵活配置。

（2）DFT 的输出信号送入 N 点的离散傅里叶反变换 IDFT 中，其中 $N>M$。因为 IDFT 的长度比 DFT 的长度长，IDFT 多出的那一部分长度用 0 补齐。

（3）在 IDFT 之后，为避免符号干扰，同样为该组数据添加循环前缀。

从上面的调制过程可以看出，DFT-S-OFDM 与 OFDM 的实现有一个相同的过程，即都有一个采用 IDFT 的过程，所以 DFT-S-OFDM 可以看成是一个加入了预编码的 OFDM 过程。

如果 DFT 的长度 M 等于 IDFT 的长度 N，那么两者级联，DFT 和 IDFT 的效果就互相抵消了，输出的信号就是一个普通的单载波调制信号。当 $N>M$ 并且采用 0 输入来补齐 IDFT 时，IDFT 输出的信号具有以下特性。

（1）信号的 PAPR 较之于 OFDM 信号较小。

（2）通过改变 DFT 输出的数据到 IDFT 输入端的映射情况，可以改变输出信号占用的频域位置。

通过 DFT 获取输入信号的频谱，后面 N 点的 IDFT，或者看成是 OFDM 的调制过程实际上就是将输入信号的频谱信息调制到多个正交的子载波上。LTE 下行 OFDM 正交的子载波上承载的直接是数据符号。正是因为这点，DFT-S-OFDM 的 PAPR 能够保持与初始数据符号相同的 PAPR。

通过改变 DFT 的输出到 IDFT 输入端的对应关系，输入数据符号的频谱可以被搬移至不同的位置。集中式和分布式两种映射方式如图 2.25 所示。

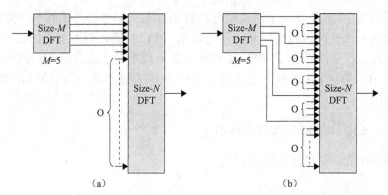

图 2.25　集中式和分布式的 DFT-S-OFDM 调制方案

这两种方式下输出信号的频谱分布如图 2.26 所示。

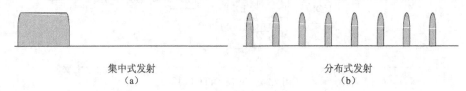

图 2.26　集中式和分布式 DFT-S-OFDM 调制出的信号频谱

2．SC-FDMA 多址接入技术

利用 DFTS-OFDM 的以上特点可以方便地实现 SC-FDMA 多址接入方式，多用户复用频谱资源时，只需要改变不同用户 DFT 的输出到 IDFT 输入的对应关系，就可以实现多址接入，同时子载波之间具有良好的正交性，避免了多址干扰。

如图 2.27 所示，通过改变 DFT 到 IDFT 的映射关系实现多址。

SC-FDMA 的两种资源分配方式如图 2.28 所示。集中式资源分配和分布式资源分配是 3GPP 讨论过的两种上行接入方式，最终为了获得低的峰均比，降低 UE 的负担选择了集中式的分配方式。另一方面，为了获取频率分集增益，选用上行跳频作为上行分布式传输方式的替代方案。

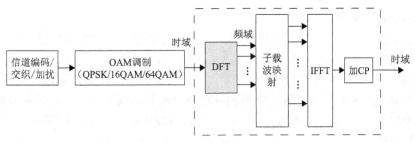

图 2.27 基于 DFT-S-OFDM 的频分多址

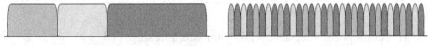

集中式发射   分布式发射

图 2.28 基于 DFT-S-OFDM 的集中式、分布式频分多址

过关训练

一、判断题

1．FEC 系统只有一个信道，能自动纠错，不需要重发。   （   ）

2．电波中自由空间内的传播损耗，也被称作小尺度衰落。   （   ）

3．为了消除由于多径所造成的 ICI，OFDM 符号需要在其保护间隔内填入循环前缀信号。   （   ）

4．LTE 系统同步可保持各用户信号正交。   （   ）

5．在一个时隙中，频域上连续的宽度为 150kHz 的物理资源称为一个资源块。
                                                                    （   ）

6．自由空间的传播损耗和阴影衰落主要影响到无线区域的覆盖，通过合理的设计就可以消除这种不利影响。   （   ）

7．采用 OFDM 技术可以很好地解决时间选择性衰落和频率选择性衰落对无线信道传输造成的不利影响。   （   ）

8．OFDM 的主要思想是：将信道分成若干正交子信道，将高速数据信号转换成并行的低速子数据流，调制到每个子信道上进行传输。   （   ）

二、不定项选择题

1．LTE 采用（   ）作为下行多址方式。

A．CDMA   B．FDMA   C．OFDMA   D．TDMA

2．LTE 采用（   ）作为上行多址方式。

A．CDMA   B．FDMA   C．OFDMA   D．SC-FDMA

3．LTE 系统多址方式包括（   ）。

A．TDMA   B．CDMA   C．OFDMA   D．SC-FDMA

4. OFDM 同步技术包括（　　　）。

A. 载波同步　　　B. 符号定时同步　　　C. 样值同步　　　D. 时隙同步

5. 降峰均比技术包括（　　　）。

A. 限幅方法　　　B. 压缩扩张方法　　　C. 同步　　　D. 延时

6. OFDMA 技术在时间对载波资源加以动态分配就构成了（　　　）多址方式。

A. TDMA　　　B. CDMA　　　C. FDMA　　　D. OFDM

三、填空题

1. 无线信道具有_____以及_____等特性。

2. 采用 OFDM 技术可以很好地解决_____衰落和_____衰落对无线信道传输造成的不利影响。

3. OFDM（Orthogonal Frequency Division Multiplexing）即_____，是一种能够充分利用频谱资源的多载波传输方式。

4. OFDM 利用_____和_____来实现调制和解调。

5. 常见的信道估计方法有基于_____和基于_____两种。

四、简答题

1. OFDM 的主要优点有哪些？

2. OFDM 的主要缺点有哪些？

3. OFDM 的关键技术有哪些？

LTE 协议原理

【本模块问题引入】LTE 移动通信系统是建构在 3GPP 制定的协议之上的，要了解 LTE，必须了解 LTE 的一系列协议。本模块通过介绍 LTE 物理层、信道、层二协议、RRC 层及协议、NAS 层协议以及典型信令流程等知识，为后续的 MIMO 和系统组网的学习打下良好的基础。

【本模块内容简介】LTE 物理层、信道、层二协议、RRC 层及协议、NAS 层协议、典型信令流程。

【本模块重点难点】LTE 物理层、信道、层二协议。

【本课程模块要求】

1. 识记：帧结构、物理资源、物理信道、传输信道、逻辑信道、MAC 子层、RLC 子层、PDCP 子层、RRC 功能、RRC 状态、NAS 状态及其与 RRC 状态的关系、AS 模型与 NAS 模型、NAS 层协议状态及转换、UE 附着和去附着流程、TAU 流程、小区选择/重选、小区切换。

2. 领会：物理信号、物理层过程、传输信道与物理信道之间的映射、逻辑信道与传输信道之间的映射、MAC 子层的主要功能、RLC 子层的主要功能、PDCP 子层的主要功能、RRC 过程、系统信息、连接控制、RRC 层信令流程、RRC 过程、系统信息、连接控制、RRC 层信令流程、UE 发起的 service request 流程、寻呼流程、切换流程。

任务 1 物理层

【本任务要求】

1. 识记：帧结构、物理资源。
2. 领会：物理信号、物理层过程。

一、帧结构

LTE 支持两种类型的无线帧结构。

（1）类型 1，适用于 FDD 模式。

（2）类型 2，适用于 TDD 模式。

对于 FDD-LTE 系统，帧结构类型 1 如图 3.1 所示。每一个无线帧长度为 10ms，分为 10 个等长度的子帧，每个子帧又由 2 个时隙构成，每个时隙长度均为 0.5ms。

对于 FDD，在每一个 10ms 中，有 10 个子帧可以用于下行传输，有 10 个子帧可以用于上行传输。上下行传输在频域上分开。

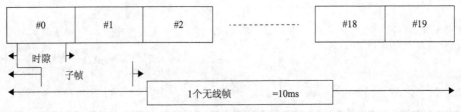

图 3.1　帧结构类型 1

对于 TD-LTE 系统，时域帧结构如图 3.2 所示。每个无线帧的总长度 T_{frame} = 10ms，进一步可以分成 10 个长度为 $T_{subframe}$ = 1ms 的子帧。为了提供一致且精确的时间定义，LTE 系统以 T_s= 1/30720000s 作为基本时间单位，系统中所有的时隙都是这个基本单位的整数倍。图 3.2 中的时隙可表示为 T_{frame} = $307200T_s$，$T_{subframe}$ = $30720T_s$。

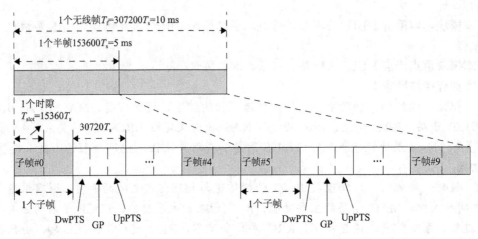

图 3.2　帧结构类型 2

每个 10ms 无线帧包括 2 个长度为 5ms 的半帧，每个半帧由 4 个数据子帧和 1 个特殊子帧组成。特殊子帧包括 3 个特殊时隙：DwPTS（下行导频时隙）、GP（保护时隙）和 UpPTS（上行导频时隙），总长度为 1ms，总共有 14 个符号。

二、物理资源

LTE 上下行传输使用的最小资源单位叫作资源粒子（Resource Element，RE）。

LTE 在进行数据传输时，将上下行时频域物理资源组成资源块（Resource Block，RB），作为物理资源单位进行调度与分配。

一个 RB 由若干 RE 组成，在频域上包含 12 个连续的子载波，在时域上包含 7 个连续的 OFDM 符号（在扩展 CP（Extended CP）情况下为 6 个，即频域宽度为 180kHz，时间长度为 0.5ms。

下行时隙的物理资源结构图如图 3.3 所示。

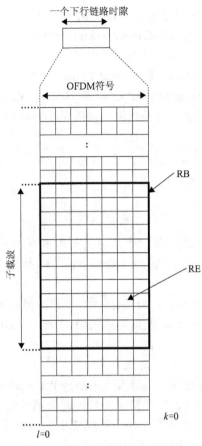

图 3.3　下行时隙的物理资源结构图

三、物理信号

物理信号对应物理层若干 RE，但是不承载任何来自高层的信息。

下行物理信号包括参考信号（Reference Signal）和同步信号（Synchronization Signal）。

1．参考信号

下行参考信号包括下面 3 种。

小区特定（Cell-specific）的参考信号，与非多播广播单频网络（Multicast Broadcast Single Frequency Network，MBSFN）传输关联。

MBSFN 参考信号，与 MBSFN 传输关联。

UE 特定（UE-specific）的参考信号。

2．同步信号

同步信号包括。主同步信号（Primary Synchronization Signal，PSS）和辅同步信号（Secondary Synchronization Signal，SSS）两种。

对于 FDD，主同步信号映射到时隙 0 和时隙 10 的最后一个 OFDM 符号上，辅同步信号则映射到时隙 0 和时隙 10 的倒数第 2 个 OFDM 符号上。

上行物理信号包括参考信号（Reference Signal，RS）。

上行链路支持两种类型的参考信号有以下两种。

解调用参考信号（Demodulation Reference Signal）：与 PUSCH 或 PUCCH 传输有关。探测用参考信号（Sounding Reference Signal）：与 PUSCH 或 PUCCH 传输无关。

解调用参考信号和探测用参考信号使用相同的基序列集合。

四、物理层过程

1. 同步过程

（1）小区搜索

UE 通过小区搜索过程来获得与一个小区的时间和频率同步，并检测出该小区的小区 ID。E-UTRAN 小区搜索基于主同步信号、辅同步信号以及下行参考信号完成。

（2）定时同步

定时同步（Timing Synchronisation）包括无线链路监测（Radio Link Monitoring）、小区间同步（Inter-cell Synchronisation）、发射定时调整（Transmission Timing Adjustment）等。

2. 功率控制

下行功率控制决定每个资源粒子的能量（Energy Per Resource Element，EPRE）。资源粒子能量表示插入 CP 之前的能量。资源粒子能量同时表示应用的调制方案中所有星座点上的平均能量。上行功率控制决定物理信道中一个 DFT-S-OFDM 符号的平均功率。

（1）上行功率控制（Uplink Power Control）

上行功率控制不同上行物理信道的发射功率。

（2）下行功率分配（Downlink Power Allocation）

eNodeB 决定每个资源粒子的下行发射能量。

3. 随机接入过程

在非同步物理层随机接入过程初始化之前，物理层从高层收到以下信息。

（1）随机接入信道（PRACH）参数（配置、频率位置和前导格式）。

（2）用于决定小区中根序列码及其在前导序列集合中的循环移位值的参数（根序列表格索引，循环移位，集合类型）。

从物理层的角度看，随机接入过程包括随机接入前导的发送和随机接入响应。被高层调度到共享数据信道的剩余消息传输不在物理层随机接入过程中考虑。

物理层随机接入过程如下。

（1）由高层通过前导发送请求来触发物理层过程。

（2）高层请求中包括前导索引（Preamble Index）、前导接收功率目标值（PREAMBLE_RECEIVED_TARGET_POWER）、对应的随机接入无线网络临时标识（RA-RNTI）和 PRACH 资源。

（3）确定前导发射功率。

$P_{\text{PRACH}} = \min\{P_{\max}, \text{PREAMBLE\_RECEIVED\_TARGET\_POWER} + \text{PL}\}$，其中 $P_{\max}$ 表示高层配置的最大允许功率，PL 表示 UE 计算的下行路损估计。

（4）使用前导索引在前导序列集中选择前导序列。

（5）使用选中的前导序列，在指示的 PRACH 资源上，使用传输功率 P_{PRACH} 进行一次前导传输。

（6）在高层控制的随机接入响应窗中检测与 RA-RNTI 关联的 PDCCH。如果检测到，对应的 PDSCH 传输块就被送往高层，高层解析传输块，并将 20bit 的上行共享信道（Uplink Shared Channel，UL-SCH）授权指示给物理层。

任务2 信道

【本任务要求】

1. 识记：物理信道、传输信道、逻辑信道。

2. 领会：传输信道与物理信道之间的映射、逻辑信道与传输信道之间的映射。

TD-LTE 沿用了通用移动通信系统（Universal Mobile Telecommunications System，UMTS）中面的 3 种信道：逻辑信道、传输信道与物理信道。从协议栈的角度来看，物理信道是物理层的，传输信道是物理层和 MAC 层之间的，逻辑信道是 MAC 层和 RLC 层之间的，它们的含义如下。

（1）逻辑信道，传输什么内容，如广播信道（BCCH），也就是用来传广播消息的。

（2）传输信道，怎样传，如下行共享信道（DL-SCH），也就是业务甚至一些控制消息都是通过共享空中资源来传输的，它会指定调制与编码策略（Modulation and Coding Scheme，MCS）、空间复用等方式，也就是告诉物理层如何传输这些信息。

（3）物理信道，信号在空中传输的承载，如物理广播信道（PBCH），也就是在实际的物理位置上采用特定的调制编码方式来传输广播消息。

一、物理信道

物理层位于无线接口协议的最底层，提供物理介质中比特流传输所需的所有功能。物理信道可分为上行物理信道和下行物理信道。

TD-LTE 定义的下行物理信道主要有如下 6 种类型。

（1）物理下行共享信道（PDSCH）：用于承载下行用户信息和高层信令。

（2）物理广播信道（PBCH）：用于承载主系统信息块信息，传输用于初始接入的参数。

（3）物理多播信道（PMCH）：用于承载多媒体/多播信息。

（4）物理控制格式指示信道（PCFICH）：用于承载该子帧上控制区域大小的信息。

（5）物理下行控制信道（PDCCH）：用于承载下行控制的信息，如上行调度指令、下行数据传输指令、公共控制信息等。

（6）物理 HARQ 指示信道（PHICH）：用于承载对于终端上行数据的 ACK/NACK 反馈信息，和 HARQ 机制有关。

TD-LTE 定义的上行物理信道主要有如下 3 种类型。

（1）物理上行共享信道（PUSCH）：用于承载上行用户信息和高层信令。

（2）物理上行控制信道（PUCCH）：用于承载上行控制信息。

（3）物理随机接入信道（PRACH）：用于承载随机接入前道序列的发送，基站通过对序列的检测以及后续的信令交流，建立上行同步。

二、传输信道

物理层通过传输信道向 MAC 子层或更高层提供数据传输服务，传输信道特性由传输格式定义。传输信道描述了数据在无线接口上如何传输，以及所传输的数据特征，如数据如何被保护以防止传输错误、信道编码类型、循环冗余校验（CRC）保护或者交织、数据包的大小等。所有的这些信息集就是我们熟知的"传输格式"。

传输信道也有上行和下行之分。

TD-LTE 定义的下行传输信道主要有如下 4 种类型。

（1）广播信道（BCH）：用于广播系统信息和小区的特定信息。使用固定的预定义格式，能够在整个小区覆盖区域内广播。

（2）下行共享信道（DL-SCH）：用于传输下行用户控制信息或业务数据。该信道有以下功能：能够使用 HARQ；能够通过各种调制模式、编码、发送功率来实现链路适应；能够在整个小区内发送；能够使用波束赋形；支持动态或半持续资源分配；支持终端非连续接收以达到节电目的；支持多媒体广播/多播服务（Multimedia Broadcast Multicast Service，MBMS）业务传输。

（3）寻呼信道（PCH）：当网络不知道 UE 所处小区位置时，用于发送给 UE 的控制信息。能够支持终端非连续接收以达到节电目的；能在整个小区覆盖区域发送；映射到用于业务或其他动态控制信道使用的物理资源上。

（4）多播信道（MCH）：用于传输 MBMS 用户控制信息。能够在整个小区覆盖区域发送；对于单频点网络，支持多小区的 MBMS 传输的合并；使用半持续资源分配。

TD-LTE 定义的上行传输信道主要有如下 2 种类型。

（1）上行共享信道（UL-SCH）：用于传输下行用户控制信息或业务数据。能够使用波束赋形；有通过调整发射功率、编码和潜在的调制模式适应链路条件变化的能力；能够使用 HARQ；动态或半持续资源分配。

（2）随机接入信道（RACH）：能够承载有限的控制信息，如在早期连接建立或者 RRC 状态改变时。

三、逻辑信道

逻辑信道定义了传输的内容。MAC 子层使用逻辑信道与高层进行通信。逻辑信道通常分为两类：用来传输控制平面信息的控制信道和用来传输用户平面信息的业务信道。而根据传输信息的类型，又可划分为多种逻辑信道类型，并根据不同的数据类型，提供不同的传输服务。

TD-LTE 定义的控制信道主要有如下 5 种类型。

（1）广播控制信道（BCCH）：该信道属于下行信道，用于传输广播系统控制信息。

（2）寻呼控制信道（PCCH）：该信道属于下行信道，用于传输寻呼信息和改变通知消息的系统信息。当网络侧没有用户终端所在小区信息时，使用该信道寻呼终端。

（3）公共控制信道（CCCH）：该信道包括上行和下行，当终端和网络间没有 RRC 连接时，终端级别控制信息的传输使用该信道。

（4）多播控制信道（MCCH）：该信道为点到多点的下行信道，用于 UE 接收 MBMS 业务。

（5）专用控制信道（DCCH）：该信道为点到点的双向信道，用于传输终端侧和网络侧存在 RRC 连接时的专用控制信息。

TD-LTE 定义的业务信道主要有如下 2 种类型。

（1）专用业务信道（DTCH）：该信道可以为单向的，也可以是双向的，针对单个用户提供点到点的业务传输。

（2）多播业务信道（MTCH）：该信道为点到多点的下行信道。用户只会使用该信道来接收 MBMS 业务。

四、相互映射关系

MAC 子层使用逻辑信道与 RLC 子层通信，使用传输信道与物理层通信。

因此 MAC 子层负责逻辑信道和传输信道之间的映射。

1. 逻辑信道至传输信道的映射

TD-LTE 的映射关系比 UMTS 简单很多，上行的逻辑信道全部映射在上行共享传输信道上传输；下行逻辑信道的传输中，除 PCCH 和 MCCH 逻辑信道有专用的 PCH 和 MCH 传输信道外，其他逻辑信道全部映射到下行共享信道上（BCCH 一部分在 BCH 上传输）。

下行和上行逻辑信道与传输信道之间的映射关系分别如图 3.4 和图 3.5 所示。

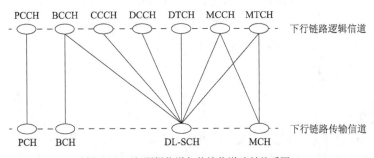

图 3.4 下行逻辑信道与传输信道映射关系图

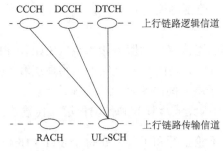

图 3.5 上行逻辑信道与传输信道映射关系图

2. 传输信道至物理信道的映射

在上行信道中，UL-SCH 映射到 PUSCH 上，RACH 映射到 PRACH 上。在下行信道中，BCH 和 MCH 分别映射到 PBCH 和 PMCH，PCH 和 DL-SCH 都映射到 PDSCH 上。

下行和上行传输信道与物理信道之间的映射关系分别如图 3.6 和图 3.7 所示。

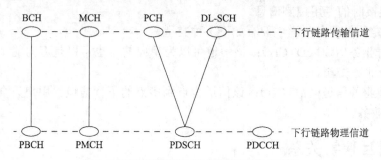

图 3.6 下行传输信道与物理信道的映射关系图

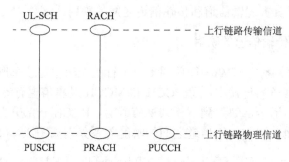

图 3.7 上行传输信道与物理信道的映射关系图

任务3 层2

【本任务要求】

1. 识记：MAC 子层、RLC 子层、 PDCP 子层。

2. 领会：MAC 子层的主要功能、RLC 子层的主要功能、PDCP 子层的主要功能。

逻辑信道与传输信道之间的层 2 包括 PDCP（分组数据控制协议）、RLC（无线链路控制协议）和 MAC（媒体接入控制协议）3 个子层，下行和上行的层 2 结构分别如图 3.8 和图 3.9 所示。

图 3.9 中各个子层之间的连接点称为服务接入点（SAP）。PDCP 向上提供的服务是无线承载，提供可靠头压缩（ROHC）功能与安全保护。物理层和 MAC 子层之间的 SAP 提供传输信道，MAC 子层和 RLC 子层之间的 SAP 提供逻辑信道。

MAC 子层提供逻辑信道（无线承载）到传输信道（传输块）的复用与映射。

在非 MIMO 情形下，不论上行和下行，在每个 TTI（1ms）只产生一个传输块。

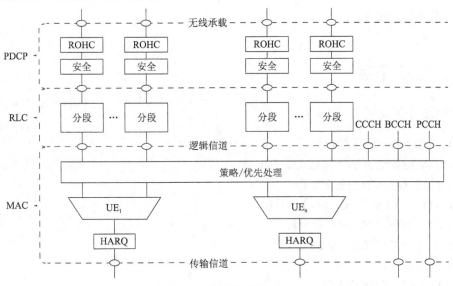

图 3.8 层 2 下行结构图

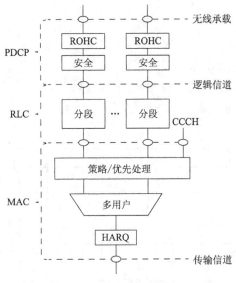

图 3.9 层 2 上行结构图

一、MAC 子层

MAC 子层的主要功能如下。

（1）逻辑信道与传输信道之间的映射。

（2）MAC 业务数据单元（SDU）的复用/解复用。

（3）调度信息上报。

（4）通过 HARQ 进行错误纠正。

（5）同一个 UE 不同逻辑信道之间的优先级管理。

（6）通过动态调度进行的 UE 之间的优先级管理。

（7）传输格式选择。

（8）填充。

二、RLC 子层

1．RLC 子层功能

RLC 子层的主要功能如下。

（1）上层协议数据单元（PDU）传输。

（2）通过 ARQ 进行错误修正。

（3）RLC SDU 的级联、分段和重组。

（4）RLC 数据 PDU 的重新分段。

（5）上层 PDU 的顺序传送。

（6）重复检测。

（7）协议错误检测及恢复。

（8）RLC SDU 的丢弃。

（9）RLC 重建。

2．PDU 结构

RLC PDU 结构如图 3.10 所示。

（1）RLC 头携带的 PDU 序列号与 SDU 序列号独立。

（2）图 3.10 中红色的虚线表示分段的位置。

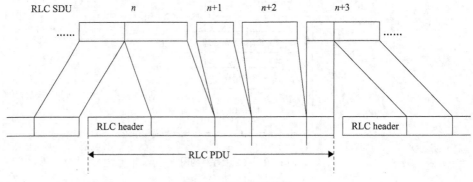

图 3.10　RLC PDU 结构

三、PDCP 子层

1．PDCP 功能

PDCP 子层用户面的主要功能如下。

（1）头压缩与解压缩：只支持 ROHC 算法。

（2）用户数据传输。

（3）在 RLC 确认模式下，PDCP 重建过程中对上层 PDU 的顺序传送。

（4）在 RLC 确认模式下，PDCP 重建过程中对下层 SDU 的重复检测。

（5）在 RLC 确认模式下，切换过程中 PDCP SDU 的重传。

（6）加密、解密。

（7）上行链路基于定时器的 SDU 丢弃功能。

PDCP 子层控制面的主要功能如下。

（1）加密和完整性保护。

（2）控制面数据传输。

2．PDU 结构

PDCP PDU 结构图如图 3.11 所示。

（1）PDCP PDU 和 PDCP 头均为 8 位组的倍数。

（2）PDCP 头可以是一字节或者两字节长。

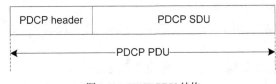

图 3.11　PDCP PDU 结构

任务4　RRC 层

【本任务要求】

1．识记：RRC 功能、RRC 状态、NAS 状态及其与 RRC 状态的关系。

2．领会：RRC 过程、系统信息、连接控制、RRC 层信令流程。

一、RRC 功能

RRC 的主要功能如下。

（1）NAS 层相关的系统信息广播。

（2）AS 层相关的系统信息广播。

（3）寻呼。

（4）UE 和 E-UTRAN 间的 RRC 连接建立、保持和释放，包括 UE 和 E-UTRAN 之间的临时标识符分配。

为 RRC 连接配置信令无线承载（Signalling Radio Bearer，SRB）：低优先级和高优先级的 SRB。

（5）包括密钥管理在内的安全管理。

（6）建立、配置、保持和释放点对点 RB。

（7）移动性管理内容如下。

针对小区间和无线接入技术（Radio Access Technologies，RAT）间移动性的 UE 测量上报和上报控制。

切换过程管理。

UE 小区选择和重选，以及小区选择和重选控制。

切换过程中的上下文转发。

（8）MBMS 业务通知。

（9）为 MBMS 业务建立、配置、保持和释放 RB。

（10）服务质量（Quality of Service，QoS）管理功能。

（11）UE 测量上报及上报控制。

（12）NAS 直传消息传输。

二、RRC 状态

RRC 的状态分为空闲状态（RRC_IDLE）和连接状态（RRC_CONNECTED）两种。

RRC_CONNECTED 状态的 PDCP/RLC/MAC 特点如下。

（1）UE 可以与网络之间收发数据；

（2）UE 监听与共享数据信道相关的控制信令信道来查看在共享数据信道上是否有分配给此 UE 的传输。

（3）UE 也将信道质量信息和反馈信息上报给 eNodeB。

（4）非连续性接收机制（DRX）周期可以根据 UE 的活动水平来配置，以达到终端节电和提高资源利用率的目的。该功能由 eNodeB 控制。

RRC 协议的主要功能就是管理终端和 E-UTRAN 接入网之间的连接。RRC 协议的状态图如图 3.12 所示。

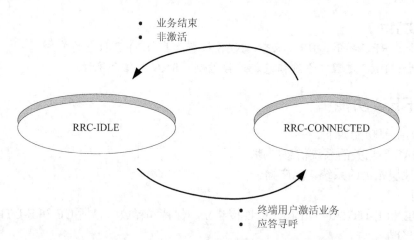

图 3.12　RRC 状态图

每一种 RRC 协议状态实际上代表了一种连接状态，并且描述了网络和终端如何处理终端移动、寻呼消息和系统信息广播。

空闲状态和连接状态的具体特征描述如表 3.1 所示。

表 3.1 　　　　　　　　　　　　LTE RRC 层的状态描述

空闲状态（RRC-IDLE）的特征	连接状态（RRC-CONNECTED）的特征
公用陆地移动通信网（PLMN）选择； 系统信息广播； 不连续接收寻呼； 小区重选移动性； UE 有一个在跟踪区（TA）范围内的唯一标识； 在 eNodeB 中没有保存 RRC 通信上下文。	UE 有一个 RRC 连接； UE 在 E-UTRAN 中具有通信上下文； E-UTRAN 知道 UE 当前属于哪个小区； 网络和终端之间可以发送和接收数据； 网络控制的移动性管理，包括切换或者网络辅助小区更改（NACC）到 GERAN 小区； 可以测量邻小区； 终端可以监听控制信道以便确定网络是否为它配置了共享信道资源； eNodeB 可以根据终端的活动情况配置不连续接收（DRX）周期，节约电池并提高无线资源的利用率。

　　UMTS 系统中的 UE 具有 5 种状态，即空闲状态、CELL-DCH 状态、CELL-FACH 状态、CELL-PCH 状态、URA-PCH 状态。与 UMTS 系统中的 RRC 状态相比，LTE 系统中的 RRC 状态大大减少了，这意味着 LTE 系统中 RRC 的状态机更加简单，进一步降低了系统复杂度。

　　与 UMTS 系统类似，终端开机后，将会从选定的 PLMN 中选择一个合适的小区驻留。当 UE 驻留在某个小区后，就可以接收系统信息和小区广播信息。通常 UE 第一次开机需要执行注册过程，一方面是完成互相认证鉴权，另一方面是让网络获得该 UE 的基本信息。随后，UE 可以一直处于空闲状态，直到需要建立 RRC 连接。UE 只有建立 RRC 连接，才能进入连接状态，此时 UE 可以与网络进行数据交互。当 UE 释放 RRC 连接时，UE 就会从 RRC-CONNECTED 状态迁移到 RRC-IDLE 状态。

三、NAS 状态及其与 RRC 状态的关系

　　NAS 状态模型可以用 EPS 移动性管理（EMM）状态和 EPS 连接管理（ECM）状态两维状态模型来描述。

　　（1）EMM 状态：

　　EMM-DEREGISTERED 状态（即 EMM 非注册态）。

　　EMM-REGISTERED 状态（即 EMM 注册态）。

　　（2）ECM 状态：

　　ECM-IDLE 状态（即 ECM 空闲态）。

　　ECM-CONNECTED 状态（即 ECM 连接态）。

　　注意 EMM 状态和 ECM 状态是相互独立的。

　　NAS 状态与 RRC 状态之间的关系如下。

　　（1）EMM-DEREGISTERED 状态 + ECM-IDLE 状态 ⇒ RRC_IDLE 状态：

　　移动性特征包括 PLMN 选择。

　　UE 位置：不被网络所知。

　　（2）EMM-REGISTERED 状态 + ECM-IDLE 状态 ⇒ RRC_IDLE 状态。

移动性特征包括小区选择。

UE 位置：在跟踪区级别被网络所知。

（3）EMM-REGISTERED 状态+ECM-CONNECTED 状态+无线承载已建立⇒RRC_CONNECTED 状态。

移动性特征包括切换。

UE 位置：在小区级别被网络所知。

四、RRC 过程

RRC 过程主要包括：系统信息（System Information）、连接控制（Connection Control）、移动性过程、测量、信息直传等。

五、系统信息

系统信息分为主信息块（Master Information Block，MIB）和一系列系统信息块（System Information Block，SIB）。

（1）主信息块（*MasterInformationBlock*）：定义小区最重要的物理层信息，用于接收进一步的系统信息。

（2）系统信息块类型 1（*SystemInformationBlockType1*）：包含评估 UE 是否允许被接入一个小区的相关信息，以及定义其他系统信息块的调度。

（3）系统信息块类型 2（*SystemInformationBlockType 2*）：包含公共和共享信道信息。

（4）系统信息块类型 3（*SystemInformationBlockType 3*）：包含小区重选信息，主要与服务小区相关。

（5）系统信息块类型 4（*SystemInformationBlockType 4*）：包含小区重选相关的服务频点和同频邻小区信息。

（6）系统信息块类型 5（*SystemInformationBlockType 5*）：包含小区重选相关的其他 E-UTRAN 频点和异频邻小区信息。

（7）系统信息块类型 6（*SystemInformationBlockType 6*）：包含小区重选相关的 UTRAN 频点和 UTRAN 邻小区信息。

（8）系统信息块类型 7（*SystemInformationBlockType 7*）：包含小区重选相关的 GERAN 频点信息。

（9）系统信息块类型 8（*SystemInformationBlockType 8*）：包含小区重选相关的 CDMA2000 频点和 CDMA2000 邻小区信息。

（10）系统信息块类型 9（*SystemInformationBlockType 9*）：包含家庭基站标识（Home eNodeB Identifier，HNBID）。

（11）系统信息块类型 10（*SystemInformationBlockType 10*）：包含 ETWS 主通知（ETWS primary notification）。

（12）系统信息块类型 11（*SystemInformationBlockType 11*）：包含 ETWS 辅通知（ETWS secondary notification）。

（13）MIB（主信息块）映射到 BCCH 和 BCH 上，其他 SI（系统信息）消息映射到 BCCH 和 DL-SCH 上，此时通过 SI-RNTI（System Information RNTI）进行标识。MIB 使用

固定的调度周期 40ms，*SystemInformationBlockType1* 使用固定的调度周期 80ms，其他 SI 消息调度周期不固定，由 *SystemInformationBlockType1* 指示。

六、连接控制

RRC 连接控制功能如下。

（1）寻呼（Paging）。

（2）RRC 连接建立（RRC connection establishment）。

（3）初始安全激活（Initial security activation）。

（4）RRC 连接重配置（RRC connection reconfiguration）。

（5）计数器检查（Counter check）。

（6）RRC 连接重建立（RRC connection re-establishment）。

（7）RRC 连接释放（RRC connection release）。

（8）无线资源配置（Radio resource configuration）。

（9）信令无线承载增加/修改（SRB addition/ modification）。

（10）数据无线承载释放（DRB release）。

（11）数据无线承载增加/修改（DRB addition/ modification）。

（12）MAC 重配置（MAC main reconfiguration）。

（13）半持续调度重配置（Semi-persistent scheduling reconfiguration）。

（14）物理信道重配置（Physical channel reconfiguration）。

（15）无线链路失败相关的操作（Radio link failure related actions）。

七、RRC 层信令流程

1．广播流程

UE 通过系统信息请求过程获取 E-UTRAN 广播的 AS 和 NAS 系统信息，如图 3.13 所示。

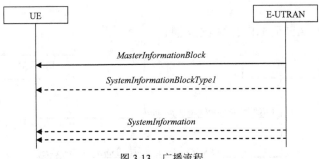

图 3.13　广播流程

　　eNodeB 小区建立成功后，eNodeB 在空口发送系统信息：MasterInformationBlock、SystemInformationBlockType1、SystemInformation，主要包括 UE 在 IDLE 态时进行的小区选择和重选信息。

2．寻呼流程

　　寻呼的目的是通知处于 IDLE 或 CONNECTED 状态的 UE 系统信息改变，如图 3.14 所示。

寻呼信息被提交给上层后，后续可能会发起 RRC 连接建立过程。

图 3.14　寻呼流程

3．RRC 连接建立

该过程用于建立 RRC 连接，包括冲突解决和 SRB1 建立，也发送 UE 到 E-UTRAN 的初始 NAS 消息，如图 3.15 所示。

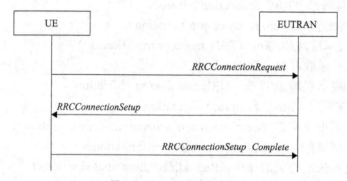

图 3.15　RRC 连接建立流程

4．RRC 连接重配

该过程用于修改 RRC 连接，如图 3.16 所示，主要完成如下功能。

（1）建立、修改、释放 RB。

（2）执行切换。

（3）透传 E-UTRAN 到 UE 的 NAS 消息。

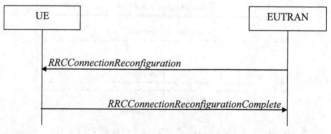

图 3.16　RRC 连接重配流程

5．RRC 连接重建

该过程用于重新建立 RRC 连接，如图 3.17 所示。

使用场景如下。

（1）无线链路失败。

（2）切换失败。

（3）不同的无线系统之间的切换（Inter-RAT）失败。

（4）完整性检测失败。

（5）RRC 连接重配失败。

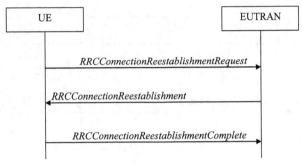

图 3.17　RRC 连接重建流程

6. RRC 连接释放

该过程用于释放 RRC 连接，如图 3.18 所示。

该过程实现如下功能。

（1）释放无线资源。

（2）释放建立的无线承载。

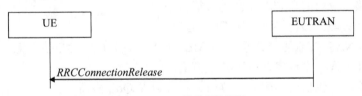

图 3.18　RRC 连接释放流程

任务5　NAS 层协议

【本任务要求】

1. 识记：AS 模型与 NAS 模型、NAS 层协议状态及转换。

2. 领会：NAS 基本流程、NAS 层功能和基本流程的映射关系。

一、AS 模型与 NAS 模型

AS 和 NAS 模型示意图如图 3.19 所示。该模型分为 AS 和 NAS 两个层面，横跨终端、无线接入网、核心网等多个实体。

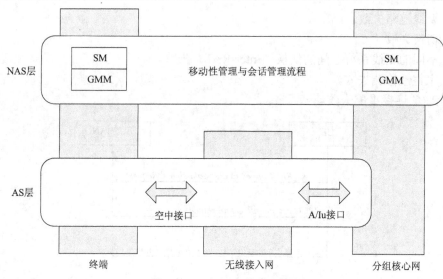

图 3.19 AS 与 NAS 模型示意图

AS 层主要负责无线接口相连接的相关功能。当然，它不仅限于无线接入网及终端的无线部分，也支持一些与核心网相关的特殊功能。归纳起来，AS 层支持的功能主要包括以下几方面。

（1）无线承载管理：包括无线承载分配、建立、修改与释放。

（2）无线信道处理：包括信道编码与调制。

（3）加密：仅仅指它自身的加密过程，加密的初始化及安全算法的选择由 NAS 层负责。另外，依赖于应用的端到端加密也可能被使用。

（4）移动性管理：如切换、小区选择与重选等。

与之相反，NAS 控制协议终止于 MME。NAS 层主要负责与接入无关、独立于无线接入相关的功能及流程，主要包括以下几个方面。

（1）会话管理：包括会话建立、修改、释放以及 QoS 协商。

（2）用户管理：包括用户数据管理，以及附着、去附着。

（3）安全管理：包括用户与网络之间的鉴权及加密初始化。

（4）计费。

在 GSM 系统中，NAS 层主要支持两套协议，即 GMM（GPRS 移动性管理）和 SM（会话管理）层。由于 NAS 层协议与接入技术相独立，NAS 层具有很好的后向兼容性，因此，UMTS 系统中很多 NAS 功能均继承于 GSM，虽然 UMTS 系统也引入了一些额外的增强功能（如 QoS 处理），但是大多数功能均源自 GSM 系统的 NAS 层。

EPS 系统的大多数 NAS 功能和流程也与 GSM 和 UMTS 系统的相关概念和流程类似，主要区别在于，在 EPS 系统中仅存在 PS 域，因此，NAS 层所有与 CS 域相关的协议栈及流程将不再适用于 EPS 系统中。

然而，多模终端为了能够同时接入 GSM、WCDMA 及 LTE 无线网络，需要支持多种 NAS 协议栈。

EPS 系统的移动性管理被定义为 EMM（EPS Mobility Management），EMM 将支持与 GSM 和 UMTS 网络中与 GMM 等效的相关功能。同样，对于会话管理，SM 将支持 EPS 承载建立、修改与释放，以及承载 QoS 协商等相关的基本功能。

二、NAS 层协议状态及转换

NAS 层的协议主要包括 LTE-DETACHED（分离态）、LTE-IDLE（空闲态）、LTE-ACTIVE（激活态）3 种状态。NAS 协议状态的定义，以及各状态之间的转换关系如表 3.2 所示。

表 3.2 NAS 协议状态

LTE-DETACHED 状态	LTE-IDEL 状态	LTE-ACTIVE 状态
1. 在该状态下，没有 RRC 实体，通常指刚开机状态；	1. 在该状态下，UE 处于 RRC-IDEL 状态；	1. 在该状态下，UE 处于 RRC-CONNECTED 状态；
2. 在网络侧还没有该用户的 RRC 通信上下文；	2. 在网络侧会保存用户 IP 地址、安全相关信息（如密钥）、用户能力信息、无线承载等；	2. 在网络侧保持与该用户的通信上下文，包含所满足通信的必要信息；
3. 分配给用户的标识只有国际移动客户识别码（IMSI）；	3. 在网络侧有该用户的通信上下文，这样用户能够快速地转换到 LTE-ACTIVE 状态；	3. 状态的转换由 eNodeB 或 EPC 决定；
4. 网络不知道用户的位置信息；	4. 状态的转换由 eNodeB 或 EPC 决定；	4. 分配给该用户的标识信息包括 IMSI、在 TA 中唯一标识用户的 ID、在一个小区内的唯一标识 C-RNTI（小区 RRC 连接临时标识），以及一个或多个 IP 地址；
5. 没有上行或下行的活动；	5. 分配给该用户的标识信息包括 IMSI、TA 中唯一标识用户的 ID，以及一个或多个 IP 地址；	5. 网络知道终端位于哪个小区中；
6. 可以执行 PLMN/小区选择。	6. 网络知道终端位于哪个 TA 区域；	6. 在上下行方向上，终端都可以进行非连续发送和接收；
	7. 终端被分配了非连续接收的周期，可以根据此周期进行下行的接收；	7. 移动性方面，可以执行切换过程。
	8. 可以执行小区重选的过程。	

E-UTRAN 系统中 NAS 状态与 RRC 状态之间的关系及状态之间的转换如图 3.20 所示。

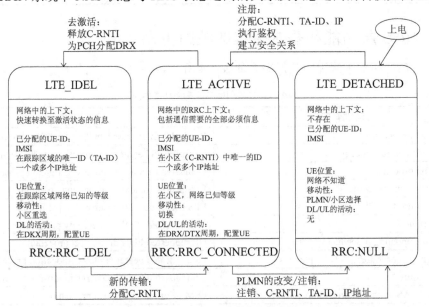

图 3.20　E-UTRAN 中的协议状态图

从图中可以看出，LTE-IDLE 状态对应于 UE 处于 RRC-IDLE 状态；LTE-ACTIVE 状态对应于 UE 处于 RRC-CONNECTED 状态；LTE-DETACHED 状态对应于 UE 没有 RRC 实体。

终端开机时进入 LTE-DETACHED 状态，随后终端执行注册过程，进入 LTE-ACTIVE 状态，通过此过程，终端可以获得 C-RNTI、TA-ID（跟踪区标识）、IP 地址等，并通过鉴权过程建立安全方面的联系。如果没有其他业务，终端可以释放 C-RNTI，获得分配给该用户用于接收寻呼信道的非连续接受周期后进入 LTE-IDLE 状态。当用户有了新的业务需求时，可以通过 RRC 连接请求（随机接入过程）获得 C-RNTI，此时终端就从 LTE-IDLE 状态迁移到了 LTE-ACTIVE 状态。在 LTE-ACTIVE 状态下，终端如果移动到不识别的 PLMN 区域或者执行了注销过程，用户的 C-RNTI、TA-ID 以及 IP 地址都将被收回，同时终端进入 LTE-DETACHED 状态。对于处于 LTE-IDLE 状态的用户，如果用户执行周期性的 TA 更新过程超时，TA-ID 和 IP 地址就会被收回，用户也会转换到 LTE-DETACHED 状态。

三、NAS 基本流程

NAS 基本流程如表 3.3 所示。

表 3.3　　　　　　　　　　　　　　　　NAS 基本流程

基本流程	初始消息	应答消息	
		成功	未成功
认证流程	AUTHENTICATION REQUEST	AUTHENTICATION RESPONSE	AUTHENTICATION REJECT
附着流程	ATTACH REQUEST	ATTACH ACCEPT	ATTACH REJECT
分离流程	DETACH REQUEST	DETACH ACCEPT	
寻呼流程	REQUEST PAGING	SERVICE REQUEST（TMSI） ATTACH（IMSI） EXTENDED SERVICE REQUEST	

四、NAS 层功能和基本流程的映射关系

NAS 层功能和基本流程的映射关系如表 3.4 所示。

表 3.4　　　　　　　　　　　　NAS 层功能和基本流程的映射关系

移动性管理	会话管理
Authentication procedure	Principles of address handling for ESM procedures
Security mode control procedure	Default EPS bearer context activation procedure
Identification procedure	Dedicated EPS bearer context activation procedure
EMM information procedure	EPS bearer context modification procedure
Attach procedure for EPS services	EPS bearer context deactivation procedure
Detach procedure	UE requested PDN connectivity procedure
Tracking area updating procedure	UE requested PDN disconnect procedure
Service request procedure	UE requested bearer resource allocation procedure
Paging procedure	UE requested bearer resource modification procedure
Transport of NAS messages procedure	ESM information request procedure

任务 6   典型信令流程

【本任务要求】

1. 识记：UE 附着和去附着流程、TAU 流程。

2. 领会：UE 发起的 service request 流程、寻呼流程。

一、开机附着流程

UE 刚开机时，先进行物理下行同步，搜索测量选择小区，选择到一个适合小区（Suitable Cell）或者可接受小区（Acceptable Cell）后，驻留并执行附着过程。附着完成后，默认承载建立成功，UE 可获得 PDN 地址信息。

开机附着流程如图 3.21 所示。

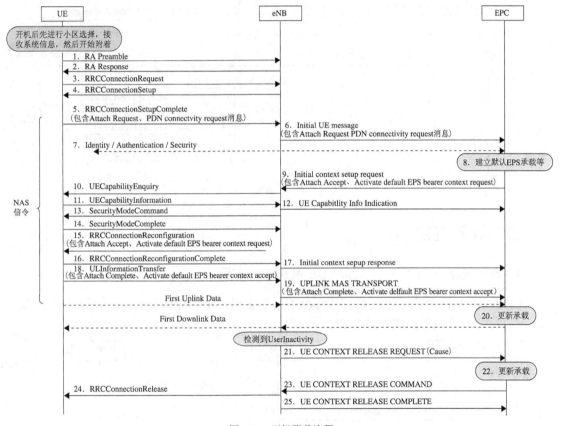

图 3.21   开机附着流程

二、UE 发起的 service request 流程

UE 在 IDLE 模式下，需要发送业务数据时，发起 service request 过程。

UE 发起的 service request 流程如图 3.22 所示。

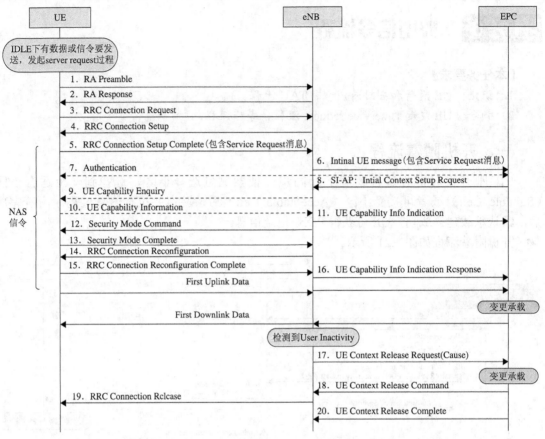

图 3.22　UE 发起的 server request 流程

三、寻呼流程

1. 寻呼流程——S_TMSI（临时 UE 识别号）寻呼

UE 在 IDLE 模式下，当网络需要给该 UE 发送数据（业务或者信令）时，发起寻呼过程。
S_TMSI 寻呼流程如图 3.23 所示。

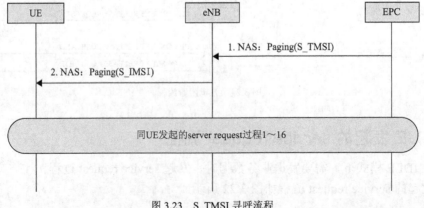

图 3.23　S_TMSI 寻呼流程

2. 寻呼流程——IMSI 寻呼

当网络发生错误需要恢复时（如 S-TMSI 不可用），可发起 IMSI 寻呼，UE 收到后执行本地 detach（分离），然后进行 attach（附着）。

IMSI 寻呼流程如图 3.24 所示。

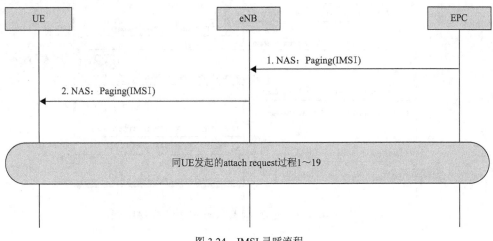

图 3.24　IMSI 寻呼流程

四、TAU 流程

当 UE 进入一个小区，该小区所属 TAI 不在 UE 保存的 TAI list 内时，UE 发起正常跟踪区更新（Tracking Area Update，TAU）流程，分为空闲态（IDLE）和连接态（CONNECTED）下两种情况。如果 TAU accept 分配了一个新的 GUTI（Globally Unique Temporary UE Identity，全球唯一临时 UE 标识），则 UE 需要回复 TAU complete，否则不用回复。

1. 在 IDLE 下发起的 TAU 流程 1

在 IDLE 下，如果有上行数据或者上行信令（与 TAU 无关的）发送，UE 可以在 TAU request 消息中设置"active"标识来请求建立用户面资源，并且 TAU 完成后保持 NAS 信令连接。如果没有设置"active"标识，则 TAU 完成后释放 NAS 信令连接。

在 IDLE 下发起的也可以带 EPS bearer context status IE，如果 UE 带该（information element，IE），MME 回复消息也带该 IE，双方 EPS 承载通过该 IE 保持同步。

在 IDLE 下发起的不设置"active"标识的正常 TAU 流程如图 3.25 所示。

2. 在 IDLE 下发起的 TAU 流程 2

在 IDLE 下发起的设置"active"标识的正常 TAU 流程如图 3.26 所示。

3. 在 Connected 下发起的 TAU 流程

在 Connected 下发起的 TAU 流程如图 3.27 所示。

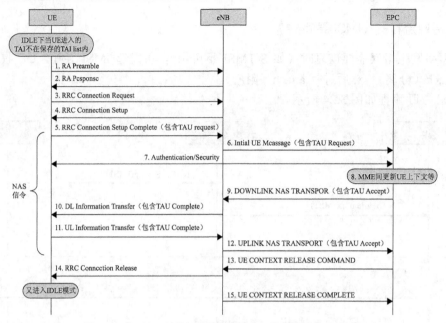

图 3.25　在 IDLE 下发起的不设置"active"标识的 TAU 流程

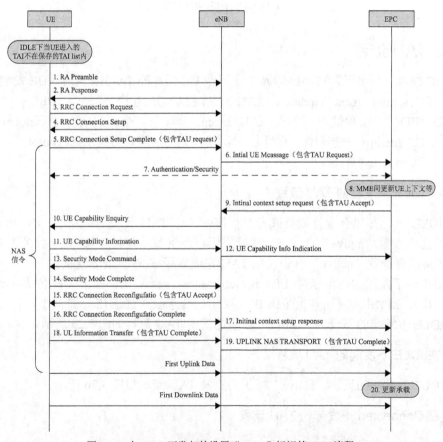

图 3.26　在 IDLE 下发起的设置"active"标识的 TAU 流程

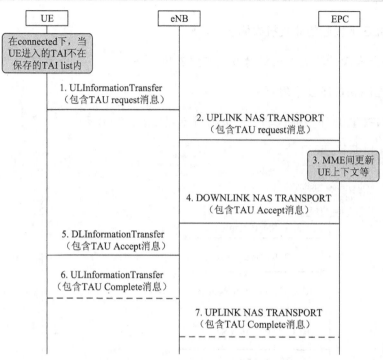

图 3.27　在 Connected 下发起的 TAU 流程

五、去附着

1. 关机去附着

UE 关机时，需要发起去附着流程通知网络释放其保存的该 UE 的所有资源。
UE 关机去附着流程如图 3.28 所示。

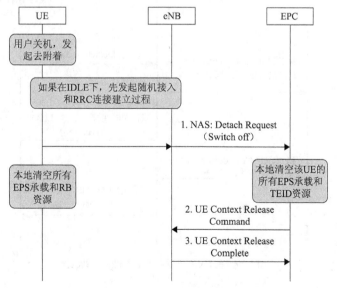

图 3.28　UE 关机去附着流程

2．在 IDLE 下发起的非关机去附着

在 IDLE 下发起的非关机去附着流程如图 3.29 所示。

3．在 CONNECTED 下发起的

在 CONNECTED 下发起的非关机去附着流程如图 3.30 所示。

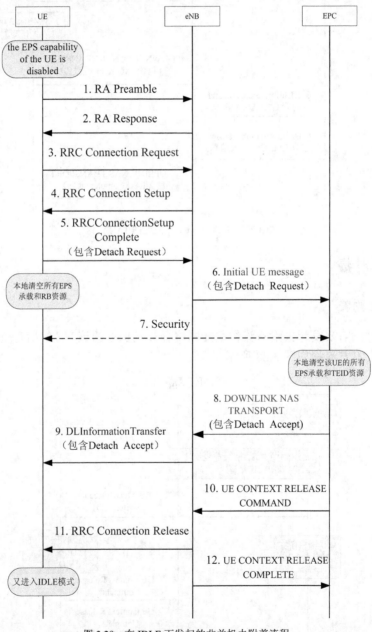

图 3.29　在 IDLE 下发起的非关机去附着流程

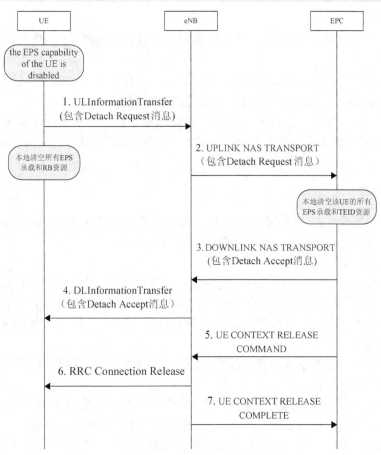

图 3.30　在 CONNECTED 下发起的非关机去附着

任务7 移动性管理

【本任务要求】

1. 识记：小区选择/重选、小区切换。

2. 领会：切换流程。

移动性管理是蜂窝移动通信系统必备的机制，能够辅助 TD-LTE 系统实现负载均衡、提高用户体验以及系统整体性能。移动性管理主要分为两大类：空闲状态下的移动性管理和连接状态下的移动性管理。空闲状态下的移动性管理主要通过小区选择/重选来实现，由 UE 控制；连接状态下的移动性管理主要通过小区切换来实现，由 eNodeB 控制。本任务介绍两种状态下的移动性管理。

一、小区选择/重选

UE 处于空闲状态时会驻留在某个小区上。由于 UE 会在驻留小区内发起接入，因此，为了平衡不同频点之间的随机接入负荷，需要在 UE 进行小区驻留时尽量使其均匀分布，这是空闲状态下，移动性管理的主要目的之一。为了达到这一目的，LTE 引入了基于优先级的小区重选过程。

空闲状态下的 UE 需要完成的过程包括公共陆地移动网络（PLMN）选择、小区选择/重选、位置登记等。

一旦完成驻留，UE 就可以进行以下操作：读取系统信息（如驻留、接入和重选相关信息、位置区域信息等）、读取寻呼信息、发起连接建立过程。

一般来说，UE 开机后会首先选择 PLMN，然后进行小区选择/重选、位置登记等。由于 PLMN 选择和位置登记主要是 NAS 的功能，本节不过多涉及，下面将介绍小区选择和重选过程。

1．小区选择

小区选择一般发生在 PLMN 选择之后，它的目的是使 UE 在开机后可以尽快选择一个信道质量满足条件的小区驻留，小区选择主要包括两大类。

（1）初始小区选择。

在这种情况下，UE 没有储存任何先验信息可以帮助其辨识具体的 TD-LTE 系统频率，因此，UE 需要根据其自身能力扫描所有的 TD-LTE 频带，以便找到一个合适的小区驻留。

在每一个频率上，UE 只需搜索信道质量最好的小区，一旦一个合适的小区出现，UE 就会选择它并驻留。

（2）基于存储信息的小区选择情况下，UE 已经储存了载波频率相关的信息，同时也可能包括一些小区参数信息。

UE 会优先选择有相关信息的小区，一旦一个合适的小区出现，UE 就会选择它并驻留。

如果储存了相关信息的小区都不合适，UE 将发起初始小区选择过程。

在小区选择过程中，UE 需要测量优先将要选择的小区，以便评估信道质量，判断其是否符合驻留的标准。小区选择的标准称为 S 准则。当某个小区的信道质量满足 S 准则时，就可以被选择为驻留小区。

UE 在选择小区时，通过测量得到小区的 $Q_{relevmeas}$ 值，通过小区的系统信息及自身能力等级获取 S 准则公式中的其他参数，计算得到 S_{rxlex}，然后与 0 比较。如果 $S_{rxlex}>0$，则 UE 认为该小区满足小区选择的信道质量要求，可以选择其作为驻留小区。如果该小区的系统信息中指示其允许驻留，那么 UE 将选择在此小区驻留，进入空闲状态。

2．小区重选

当 UE 处于空闲状态时，在小区选择之后它需要持续地重选小区，以便驻留在优先级更高或者信道质量更好的小区。网络通过设置不同频点的优先级，可以达到控制 UE 驻留的目的；同时，UE 在某个频点上将选择信道质量最好的小区，以便提供更好的服务。

小区重选可以分为同频小区重选和异频小区重选。同频小区重选，可以解决无线覆盖问题；异频小区重选，不仅可以解决无线覆盖问题，而且可以通过设定不同频点的优先级来实现负载均衡。

（1）同频小区重选

测量准则：

为了最大化 UE 电池寿命，UE 不需要在所有时刻都频繁地监测邻小区，除非服务小区质量下降为低于规定的门限值。具体来说，仅当服务小区的参数 S（S 值的计算方法与小区选择时一致）大于系统广播参数 $S_{intrasearch}$ 时，UE 才启动同频测量。

小区排序：

对候选小区根据信道质量高低进行 R 准则排序，选择最优小区。

小区重选准则：同频小区重选的对象既可以是邻小区列表中的小区，也可以是在重选过程中检测到的小区。

排队及选择过程需要满足如下的约束条件。

新目标小区的信道质量在排序中要比当前服务小区质量好的持续时间不短于 $T_{reselection}$。

如果 UE 处于非普通移动状态（中速或高速），则需要考虑对参数 $T_{reselection}$ 与 Q_{hyst} 进行缩放。

UE 驻留原小区时间超过 1s。

（2）异频小区重选

在异频小区重选过程中，eNodeB 可以通过对各频点设置不同的优先级参数来实现不同频点小区的负载均衡。异频小区重选主要包括以下几个步骤。

测量准则：

对于系统信息指出的优先级高于当前频率优先级的频率，UE 总是测量这些高优先级频率；对于系统信息指出的优先级等于或低于当前频率优先级的频率，UE 的测量准则如下。

如果服务小区的 S 值大于门限值 $S_{nonintrasearch}$，则不测量。

如果服务小区的 S 值小于或等于门限值 $S_{nonintrasearch}$，则测量。

优先级处理：

UE 可以通过广播消息或者 RRC 连接释放消息获取频点的优先级信息（公共优先级）。如果提供了专用优先级，UE 将忽略所有的公共优先级。如果系统信息中没有提供 UE 当前驻留小区的优先级信息，UE 将把该小区所在的频点优先级设置为最低。UE 只在系统信息中出现的并提供了优先级的频点之间，按照优先级策略进行小区重选。

小区重选准则：

对于高优先级频点的小区重选，在满足以下条件后进行。

高优先级频率小区的 S 值大于预设的门限，且持续时间超过 $T_{reselection}$。

UE 驻留原小区时间超过 1s。

如果最高优先级上多个相邻小区符合标准，则选择最高优先级频率上的最优小区。对于同等优先级频点/同频，采用同频小区重选的 R 准则。

对于低优先级频率的小区重选，在满足以下条件后进行。

没有高优先级频率的小区符合重选要求。

没有同等优先级频率的小区符合重选要求。

服务小区的 S 值小于预设的门限，并且低优先级频率小区的 S 值大于预设的门限，且持续时间超过 $T_{reselection}$。

UE 驻留原小区时间超过 1s。

异频小区重选的对象既可以是邻小区列表中的小区，也可以是在小区重选过程中检测到的小区。

如果对 UE 速率的检测结果表明该小区处于非普通（中速或高速）移动状态，则在重选过程中应该使用经过缩放的参数 $T_{reselection}$。

二、小区切换

LTE 系统是蜂窝移动通信系统，当用户从一个小区移动至另一个小区时，与其连接的小区将发生变化，执行切换操作。按照源小区和目标小区的从属关系和位置关系，可以将切换做如下的分类。

LTE 系统内切换：包括 eNodeB 内切换、通过 X2 的 eNodeB 间切换、通过 S1 的 eNodeB 间切换。

LTE 与异系统之间的切换：由于 LTE 系统与其他系统在空口技术上的根本不同，从 LTE 小区切换到其他系统的小区，UE 不仅需要支持 LTE 的 OFDM 接入技术，还需要支持其他系统的空口接入技术，可能出现的情形包括但不限于以下几类：LTE 与 GSM 之间的切换、LTE 与 UTRAN 之间的切换等。

下面对切换过程中涉及的信令以及切换流程进行介绍。

（一）切换信令分析

LTE 切换过程中涉及 X2 接口、S1 接口和 UU 接口。

1．X2 接口切换相关信令

当 UE 从一个 eNodeB 的小区切换到另一个 eNodeB 的小区时，两个 eNodeB 会通过 X2 接口发生一系列的信令交互配合切换成功完成，下面进行详细说明。

（1）X2 接口切换准备。

此信令流程是在 eNodeB 之间为切换过程建立资源。通过源 eNodeB 发送 Handover Request 消息到目标 eNodeB 开始切换流程。当源 eNodeB 发送此消息后，启动一个定时器 TXRELOCoverall 等待目标端响应。

源 eNodeB 向目标 eNodeB 发起切换请求，请求在目标端建立与 MME 之间的信令承载 SAE bearers，SAE bearers 包含 SAE 承载的 ID，承载业务的 QoS 参数、服务网关地址等信元。如果请求的 SAE bearers 中至少有一个在目标端准入通过，则目标 eNodeB 应该为准入通过的 SAE bearers 保留必要的资源，并且向原端发送 HANDOVER REQUEST ACKNOWLEDGE 消息，如图 3.31 所示。

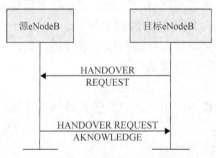

图 3.31　切换准备，成功流程

在确认字符（Acknowledgement，ACK）消息中，目标 eNodeB 回复资源已经准备好的 SAE bearers 列表信息（也就是准入通过的 SAE bearers）和准入失败的 SAE bearers 列表信息，并且要包含一个合理的失败原因。

源 eNodeB 收到 ACK 消息后，停止定时器 $TRELOC_{prepl}$，同时启动定时器 $TX2RELOC_{overall}$，终止切换准备流程。

如果目标 eNodeB 在切换准备阶段，没有任何 SAE bearer 准入成功或者有其他错误发生，则目标 eNodeB 发送 HANDOVER PREPARATION FAILURE 消息到源 eNodeB。

这个消息应该包含 Cause 信元并且对其赋值表明相应的失败理由，如图 3.32 所示。

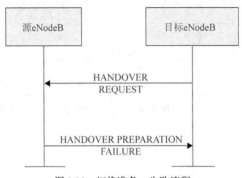

图 3.32 切换准备，失败流程

（2）X2 接口 UE 上下文释放。

释放资源的流程，目标 eNodeB 通知源 eNodeB，释放 UE 在源 eNodeB 的控制面的上下文资源。成功流程如图 3.33 所示。

图 3.33 UE 上下文释放流程

释放资源的流程是目标 eNodeB 发起的。通过发送 UE CONTEXT RELEASE 消息，目标 eNodeB 通知源 eNodeB 切换成功，并且触发释放资源的流程。UE CONTEXT RELEASE 消息携带 UE 在源 eNodeB 内的 ID（Old eNodeB UE X2APID），当源 eNodeB 收到该消息后，可以释放与该 UE 相关的控制面承载的资源。

如果一直到定时器 $TX2RELOC_{overall}$ 超时，源 eNodeB 都没有被触发进行释放资源的流程，则 eNodeB 自动释放 UE 在 eNodeB 上相关的所有资源并向 MME 请求释放 UE 在 MME 上的相关上下文。

如果在收到 UE CONTEXT RELEASE 消息或者定时器 $TX2RELOCoverall$ 超时之前，UE 回到源 eNodeB，则源 eNodeB 停止定时器 $TX2RELOC_{overall}$ 并继续后续流程。

（3）切换取消。

该流程是源 eNodeB 向目标 eNodeB 发送的消息，指示目标 eNodeB 取消一个正在进行的切换，如图 3.34 所示。

切换取消流程通过源 eNodeB 发送 HANDOVER CANCEL 消息触发。源 eNodeB 应该给出一个合理的 HANDOVER CANCEL 的原因。收到 HANDOVERCANCEL 消息后，目

标 eNodeB 移除所有相关 UE 的上下文信息，并释放先前在切换准备流程中为 UE 所保留的资源。

如果某个 eNodeB 收到一个 HANDOVER CANCEL 消息，其中包含的上下文信息在本 eNodeB 并不存在，则 eNodeB 忽略此消息。

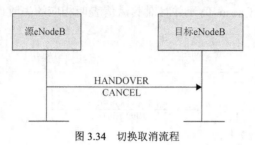

图 3.34　切换取消流程

2. S1 接口切换相关信令

当 UE 从一个 eNodeB 的小区切换到另一个 eNodeB 的小区时，源端和目标端的 eNodeB 会通过 S1 接口与 MME 发生一系列的信令交互配合切换成功完成，下面详细说明。

（1）S1 接口切换准备。

S1 接口切换准备流程的作用是源 eNodeB 侧判决需要发起切换，并准备向目标侧切换，通过 MME 请求目标侧 eNodeB 准备相关切换资源分配，如图 3.35 所示。

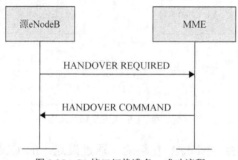

图 3.35　S1 接口切换准备，成功流程

源 eNodeB 使用 HANDOVER REQUIRED 消息触发切换准备流程，该消息由源 eNodeB 发往所属的 MME。当切换准备过程结束，包括目标侧完成资源分配，MME 用 HANDOVER COMMAND 作为响应消息发往源 eNodeB，通知切换准备流程成功。而如果 SAE Bearer 没有权限切换到目标侧，那么该 SAE Bearer 需要在 HANDOVER COMMAND 消息中由信元 SAE Bearers to Release List 给出。

如果目标侧没有能力接受任何切换入的 SAE Bearer，或者切换准备过程中存在错误，MME 就向源 eNodeB 发送 HANDOVER PREPARATION FAILURE 消息，并在消息中携带适当的原因值，如图 3.36 所示。

（2）S1 接口切换资源分配。

切换资源分配流程是 MME 用来通知目标 eNodeB 为切换入的 UE 分配及预留资源，包括建立该 UE 的通信上下文，如图 3.37 所示。

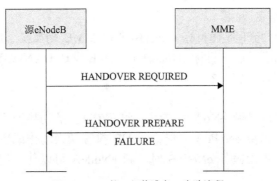

图 3.36　S1 接口切换准备，失败流程

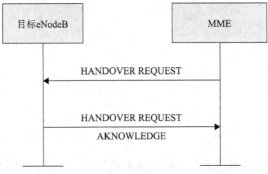

图 3.37　S1 接口切换资源分配，成功流程

　　MME 通过向目标 eNodeB 发送 HANDOVER REQUEST 消息触发本流程。在目标 eNodeB 为 UE 分配好所有必须的 SAE 承载资源后，目标 eNodeB 向 MME 发送 HANDOVER REQUEST ACKNOWLEDGE 消息。该消息将目标小区为 SAE 承载所分配的资源信息填写在 SAE Bearers Admitted List 信元中。对于未分配的 SAE 承载资源，需要填写在 SAE Bearers Failed to Setup List 信元中。

　　如果目标 eNodeB 没有能力接受任何切换入的 SAE Bearer 或在切换准入过程中失败，则需要向 MME 发送包含特定原因值的 HANDOVERREQUEST FAILURE 消息告知 MME 切换资源分配失败，如图 3.38 所示。

　　UE 通过 S1 接口切换时，需要配合使用 S1 接口切换准备和 S1 接口资源分配两对信令才能完成源端和目标端的切换准备工作。

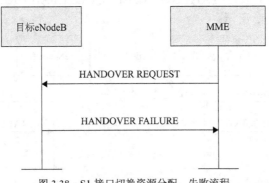

图 3.38　S1 接口切换资源分配，失败流程

（3）S1 接口切换结束通知。

S1 接口切换结束通知流程是由目标 eNodeB 通知 MME 切换已经完成，如图 3.39 所示。

当 UE 切换入目标小区后，目标 eNodeB 向 MME 发送 HANDOVER NOTIFY 消息，指示 S1 接口此次切换流程成功完成。

（4）S1 接口取消。

切换取消流程的目的是源 eNodeB 取消一个正在进行的切换流程。在切换准备流程中或切换准备流程结束后，当源 eNodeB 未能指示 UE 执行切换动作或者 UE 在执行切换动作之前又重新把源 eNodeB 视为服务 eNodeB 时，源 eNodeB 可以使用切换取消流程取消息本次切换，如图 3.40 所示。

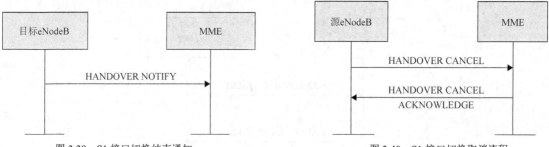

图 3.39　S1 接口切换结束通知　　　　　　　　图 3.40　S1 接口切换取消流程

源 eNodeB 通过向 MME 发送 HANDOVER CANCEL 消息触发本流程。消息中需要在 Cause 信元中携带适当的切换取消原因。在收到 HANDOVER CANCEL 消息后，MME 应该终止进行中的切换准备流程，并释放所有与切换相关的资源，同时向源 eNodeB 发送 HANDOVER CANCEL ACKNOWLEDEGE 消息。发送和接收到 HANDOVER CANCEL ACKNOWLEDGE 消息后，分别在 MME 和源 eNodeB 终止本流程。

（5）路径切换请求。

路径切换请求的目的是请求改变业务数据的通道，具体就是将源 SAE bearers 中的 GTP 节点切换到在目标 eNodeB 中新建立的 SAE bearers 的 GTP 节点，如图 3.41 所示。

目标 eNodeB 通过向 MME 发送 PATH SWITCH REQUEST 消息触发本流程。在 MME，将业务传输两端的节点地址更新完成后，MME 向 eNodeB 发送 PATHSWITCH REQUEST ACKNOWLEDGE 消息结束本次流程，该消息携带节点地址得到更新的 SAE bearers 列表和未能得到更新的 SAE bearers 列表，如果所有的 SAE bearers 都未能更新成功，MME 则向 eNodeB 发送 PATH SWITCH REQUEST FAILURE 消息，并在消息中携带适当的原因值，如图 3.42 所示。

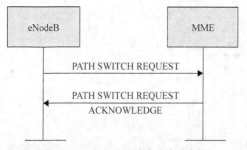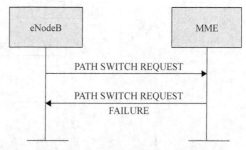

图 3.41　Path Switch 请求，成功流程　　　　　　图 3.42　Path Switch 请求，失败流程

3. UU 接口切换相关信令

UE 从一个小区切换到另一个小区，等到目标小区的资源一切准备就绪，就向 UE 发送空口消息，要求 UE 执行切换动作，与新小区之间建立无线链路，并释放与源小区之间的无线链路，如图 3.43 所示。

UE 收到 RRC Connection Reconfigration 消息，消息中含有 IE Mobility controlinformation 执行此流程。UE 的 RRC 层识别到此消息为移动性管理的相关信息，重新配置 UE 的 L1、L2，完成后，UE 回复 RRC Connection Reconfigration Complete 消息。如果 UE 重配置失败，就向网络侧发送 RRC Connection Reconfigration Failure 消息，表明空口切换失败，如图 3.44 所示。

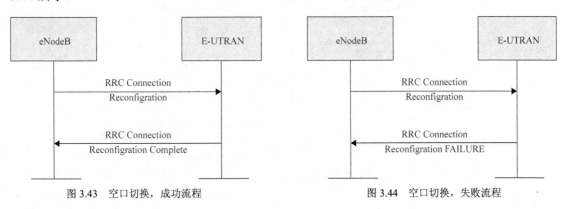

图 3.43　空口切换，成功流程　　　　图 3.44　空口切换，失败流程

（二）切换流程分析

1. LTE 系统内切换

（1）eNodeB 内切换。

当 UE 所在的源小区和要切换的目标小区同属一个 eNodeB 时，发生 eNodeB 内切换。eNodeB 内切换是各种情形中最为简单的一种，因为切换过程中不涉及 eNodeB 与 eNodeB 之间的信息交互，也就是 X2、S1 接口上没有信令操作，只是在一个 eNodeB 内的两个小区之间进行资源配置，其流程图如图 3.45 所示。对其中 L3 协议层的具体流程分析如下。其中步骤①、②、③、④为切换准备阶段，步骤⑤、⑥为切换执行阶段，步骤⑦为切换完成阶段。

① eNodeB 向 UE 下发测量控制，通过 RRC Connection Reconfigration 消息对 UE 的测量类型进行配置。

② UE 按照 eNodeB 下发的测量控制在 UE 的 RRC 协议端进行测量配置，并向 eNodeB 发送 RRC Connection Reconfigration Complete 消息表示测量配置完成。

③ UE 按照测量配置向 eNodeB 上报测量报告。

④ eNodeB 根据测量报告，判决该 UE 将发生 eNodeB 内切换，在新小区内进行资源准入，资源准入成功后为该 UE 申请新的空口资源。

⑤ 资源申请成功后，eNodeB 向 UE 发送 RRC Connection Reconfigration 消息，指示 UE 发起切换动作。

⑥ UE 接入新小区后，eNodeB 发送 RRC Connection Reconfiguration Complete 消息，指示 UE 已经接入新小区。

⑦ eNodeB 收到重配置完成消息后，释放该 UE 在源小区占用的资源。

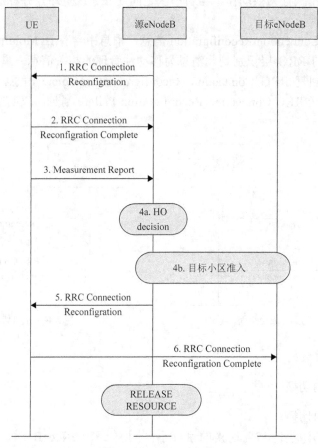

图 3.45　eNodeB 内切换

（2）通过 X2 的 eNodeB 间切换。

当 UE 所在的源小区和要切换的目标小区不属于同一 eNodeB 时，发生 eNodeB 间切换，eNodeB 间切换流程复杂，需要加入 X2 和 S1 接口的信令操作，其流程图如图 3.46 所示。对其中 L3 的信令分析如下，其中步骤①～步骤⑦为切换准备阶段，步骤⑧、步骤⑨为切换执行阶段，步骤⑩～步骤⑬为切换完成阶段。

① 源 eNodeB 向 UE 下发测量控制，通过 RRC Connection Reconfiguration 消息对 UE 的测量类型进行配置。

② UE 按照 eNodeB 下发的测量控制在 UE 的 RRC 协议端进行测量配置，并向 eNodeB 发送 RRC Connection Reconfiguration Complete 消息表示测量配置完成。

③ UE 按照测量配置向 eNodeB 上报测量报告。

④ 源 eNodeB 根据测量报告，判决该 UE 发生 eNodeB 间切换。

⑤ 源 eNodeB 向目标 eNodeB 发生 HANDOVER REQUEST 消息，指示目标 eNodeB 进行切换准备。

⑥ 目标小区进行资源准入，为 UE 的接入分配空口资源和业务的 SAE 承载资源。

⑦ 目标小区资源准入成功后，向源 eNodeB 发送 HANDOVER REQUEST ACKNOWLEDGE 消息，指示切换准备工作完成。

⑧ 源 eNodeB 向 UE 发送 RRC Connection Reconfigration 消息命令 UE，执行切换动作。

⑨ UE 向目标 eNodeB 发送 RRC Connection Reconfigration Complete 消息，指示 UE 已经接入新小区。

⑩ 目标 eNodeB 向 MME 发送 PATH SWITCH REQUEST 消息请求，请求 MME 更新业务数据通道的节点地址。

⑪ MME 成功更新数据通道节点地址，向目标 eNodeB 发送 PATH SWITCH REQUEST ACKNOWLEDGE 消息，表示可以在新的 SAE bearers 上进行业务通信。

⑫ UE 已经接入新的小区，并在新的小区能进行业务通信，需要释放在源小区所占用的资源，目标 eNodeB 向源 eNodeB 发送 UE CONTEXT RELEASE 消息。

⑬ 源 eNodeB 释放该 UE 的上下文，包括空口资源和 SAE bearers 资源。

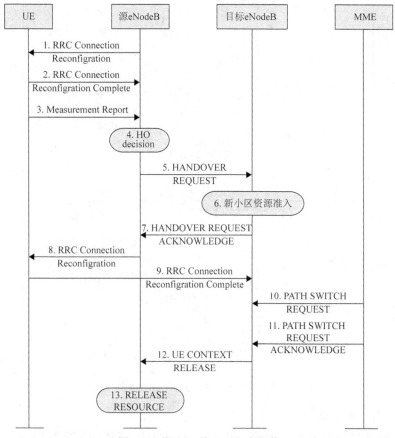

图 3.46 基于 X2 的 eNodeB 间切换

（3）通过 S1 的 eNodeB 间切换。

协议 36.300 中规定 eNodeB 间切换一般都要通过 X2 接口进行，但当如下条件中的任何一个成立时，会触发 S1 接口的 eNodeB 间切换。

① 源 eNodeB 和目标 eNodeB 之间不存在 X2 接口。

② 源 eNodeB 尝试通过 X2 接口切换，但被目标 eNodeB 拒绝。

从 LTE 网络结构来看，可以把两个 eNodeB 与 MME 之间的 S1 接口连同 MME 实体看作是一个逻辑 X2 接口。相比较于通过 X2 接口的流程，通过 S1 接口切换的流程在切换准备过程和切换完成过程有所不同，其流程如图 3.47 所示。其中步骤 1～步骤 9 为切换准备过程，步骤 10～步骤 11 为切换执行过程，步骤 12～步骤 16 为切换完成过程。

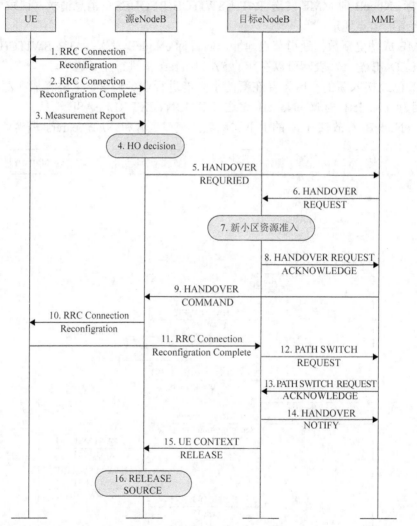

图 3.47　基于 S1 的 eNodeB 间切换

对其中不同于图 3.46 的分析如下。

① 切换准备过程改为首先由源 eNodeB 向 MME 发送切换准备请求，MME 既而向 eNodeB 发送切换请求进行资源分配，最后由 MME 通知源 eNodeB 切换准备完成。

② 由于切换准备过程中 MME 的参与，所以在源 eNodeB 释放资源的之前，通知 MME 切换动作即将完成。

2．LTE 与异系统之间的切换

E-UTRAN 的系统间切换可以采用 GERAN 与 UTRAN 系统间切换相同的原则。

E-UTRAN 的系统间切换可以采用以下原则。

（1）系统间切换由源接入系统网络控制。源接入系统决定启动切换准备并按目标系统要求的格式提供必要的信息，也就是说，由源系统适配目标系统，真正的切换执行过程由源系统控制。

（2）系统间切换是一种后向切换，即目标 3GPP 接入系统中的无线资源在 UE 收到从源系统切换到目标系统的切换命令前已经准备就绪。

（3）为实现后向切换，当接入网（RAN）级接口不可用时，使用核心网（CN）级控制接口。

异系统切换的情形发生在 UE 在 LTE 小区与非 LTE 小区之间的切换，切换过程中涉及的信令流主要集中在核心网。以 UE 从 UTRAN 切换到 E-UTRAN 为例说明，UE 所在的 RNC 向 UTRAN 的 SGSN 发送切换请求，SGSN 需要与 LTE 的 MME 之间交互消息，为业务在 E-UTRAN 上创建承载，同时需要 UE 具备双模功能，使 UE 的空口切换到 E-UTRAN 上，最后由 MME 通知 SGSN 释放源 UTRAN 上的业务承载。

 过关训练

一、判断题

1．LTE 上下行传输使用的最小资源单位叫做资源粒子 RB。　　　　　　（　　）

2．与 UMTS 系统类似，终端开机后，将会从选定的 PLMN 中选择一个合适的小区驻留。　　　　　　（　　）

3．AS 控制协议终止于 MME。　　　　　　（　　）

4．LTE 系统内切换：包括 eNodeB 内切换、通过 X2 的 eNodeB 间切换、通过 S1 的 eNodeB 间切换。　　　　　　（　　）

5．LTE 系统中，RRC 状态有连接状态、空闲状态、休眠状态三种类型。　（　　）

6．MIB 和 SIB 均在 BCH 上发送。　　　　　　（　　）

7．附着完成后，默认承载建立成功，UE 可获得 PDN 地址信息。　　　（　　）

8．一个 RB 由若干个 RE 组成，在频域上包含 12 个连续的子载波，在时域上包含 7 个连续的 OFDM 符号。　　　　　　（　　）

9．一个特殊子帧含有 14 个符号。　　　　　　（　　）

二、不定项选择题

1．LTE 系统传输用户数据主要使用（　　）信道。

A．专用信道　　　　B．公用信道　　　　C．共享信道　　　　D．信令信道

2．LTE 系统无线资源主要有（　　）。

A．时隙　　　　　　B．子载波　　　　　C．天线端口　　　　D．码道

3．LTE 下行物理信道主要有（　　）几种模式。

A．物理下行共享信道 PDSCH   B．物理随机接入信道 PRACH

C．物理下行控制信道 PDCCH   D．物理广播信道 PBCH

4．LTE 系统无线帧长（   ）。

A．5ms   B．10ms   C．20ms   D．0.5ms

5．关于 LTE TDD 帧结构，下列说法正确的有（   ）。

A．一个长度为 10ms 的无线帧由 2 个长度为 5ms 的半帧构成

B．常规子帧由两个长度为 0.5ms 的时隙构成，长度为 1ms

C．支持 5ms 和 10ms DL/UL 切换点周期

D．UpPTS 以及 UpPTS 之后的第一个子帧永远是上行

E．子帧 0、子帧 5 和 DwPTS 永远是下行

6．通常所说的层二协议包括（   ）。

A．PHY 层（物理层）   B．MAC 层

C．RLC 层   D．PDCP 层

7．PUSCH 的跳频分为（   ）和（   ）两种方式。

A．子帧内跳频   B．时隙内跳频   C．子帧间跳频   D．时隙间跳频

8．PUSCH 功率控制的闭环功控有（   ）和（   ）两种情况。

A．累积值   B．绝对值   C．平均值   D．最大值

9．CQI 上报的策略有（   ）。

A．在 PUSCH 上非周期上报   B．在 PUSCH 上周期上报

C．在 PUCCH 上周期上报   D．PUCCH 非周期上报

三、填空题

1．下行控制/业务公共信道/信号有＿＿＿＿、＿＿＿＿、＿＿＿＿、＿＿＿＿、＿＿＿＿和＿＿＿＿；上行控制/业务公共信道/信号有＿＿＿＿、＿＿＿＿、＿＿＿＿、和＿＿＿＿。

2．在 Normal 情况下，一个 RB 包含＿＿＿＿个子载波。

3．LTE 协议中定义了＿＿＿＿种 PDSCH 的传输模式。

4．MIB 信息携带在下行物理层信道＿＿＿＿中。

5．E-UTRAN 系统覆盖半径最大可达＿＿＿＿。

6．HARQ 的信息承载在＿＿＿＿信道上。

7．在 eNodeB 的 MAC 子层与 RLC 子层的 SAP 是＿＿＿＿。

8．LTE 系统中，每个小区用于随机接入的码是＿＿＿＿，一共有＿＿＿＿个。

9．LTE 组网中，如果采用室外 D 频段组网，一般使用的时隙配比为＿＿＿＿，特殊时隙配比为＿＿＿＿；如果采用室外 F 频段组网，一般使用的时隙配比为＿＿＿＿，特殊时隙配比为＿＿＿＿。

四、简答题

1．请画出 FDD-LTE 的帧结构。

2．请画出 TDD-LTE 的帧结构。

3．请画出下行传输信道与物理信道之间的映射。

4．请画出上行逻辑信道与传输信道之间的映射。

5．NAS 状态及其与 RRC 状态的关系是怎样的？

6．AS 层支持的功能有哪些？

模块 4

MIMO 基本原理

【本模块问题引入】多输入多输出（Multiple Input Multiple Output，MIMO）系统的基本思想是在收发两端采用多根天线，分别同时发射与接收无线信号。MIMO 通过空时处理技术，充分利用空间资源，在无需增加频谱资源和发射功率的情况下，成倍地提升 LTE 移动通信系统的容量和可靠性，提高频谱利用率。本模块通过介绍 MIMO 基本原理、MIMO 的应用、天线技术参数、天线选择、天线工程安装等知识，为后续的 LTE 基站系统设备的学习打下良好的基础。

【本模块内容简介】MIMO 基本原理、MIMO 的应用、天线技术参数、天线选择、天线工程安装。

【本模块重点难点】MIMO 的基本概念、MIMO 的技术优势、MIMO 传输模型、MIMO 技术的典型应用。

【本课程模块要求】

1. 识记：LTE 系统中的 MIMO 模型、MIMO 系统模型、MIMO 关键技术、MIMO 在 LTE 系统中的应用、MIMO 的几种典型应用场景、发射分集的应用场景、天线增益、波瓣宽度、频段、极化方式、下倾方式、天线的输入阻抗、天线的驻波比、旁瓣抑制与零点填充、端口间隔离度、市区基站天线选择、郊区农村基站天线选择、公路覆盖基站天线选择、山区覆盖基站天线选择、抱杆天线安装、分集接收、天线隔离、铁塔天线安装。

2. 领会：MIMO 基本概念、MIMO 系统容量、MIMO 系统的天线选择方案、闭环空间复用的应用场景、波束赋形的应用场景、辐射方向图、天线的前后比、三阶互调、LTE 天线选型建议、防雷设计。

任务 1　MIMO 系统概述

【本任务要求】

1. 识记：LTE 系统中的 MIMO 模型。

2. 领会：MIMO 基本概念。

一、MIMO 基本概念

多天线技术是移动通信领域中无线传输技术的重大突破。通常，多径效应会引起衰落，因而被视为有害因素，然而，多天线技术却能将多径作为一个有利因素加以利用。多输入多输出（Multiple Input Multiple Output，MIMO）技术利用空间中的多径因素，在发送端和接收端采用多个天线，如图 4.1 所示，通过空时处理技术实现分集增益或复用增益，充分利用空间资源，提高频谱利用率。

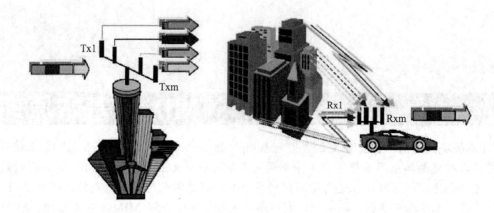

图 4.1　MIMO 系统模型

总地来说，MIMO 技术的基础目的如下。

（1）提供更高的空间分集增益：联合发射分集和接收分集两部分的空间分集增益，提供更大的空间分集增益，保证等效无线信道更加"平稳"，从而降低误码率，进一步提升系统容量。

（2）提供更大的系统容量：在信噪比 SNR 足够高，信道条件满足"秩>1"时，可以在发射端把用户数据分解为多个并行的数据流，然后分别在每根发送天线上进行同时刻、同频率的发送，同时保持总发射功率不变，最后由多元接收天线阵根据各个并行数据流的空间特性，在接收机端将其识别，并利用多用户解调最终恢复出原数据流。

（一）发射分集

在无线通信系统中，分集技术主要用于对抗衰落、提高链路可靠性。传输分集的主要原理是，利用空间信道的弱相关性，结合时间/频率上的选择性，为信号的传递提供更多的副本，提高信号传输的可靠性，从而改善接收信号的信噪比。

空间发射分集利用了分集增益的原理，在基站发射端，对发射的信号进行预处理，采用多根天线进行发射，在接收端通过一定的检测算法获得分集信号。

TD-LTE 中发射分集技术的实现方式有：空时/频编码、延迟发射分集、循环时延发射分集、切换发射分集等。

1. 空时/频编码

（1）空时块码（Space Time Block Code，STBC）

空时块码技术是一项基于发射分集的技术。STBC 属于 Alamouti 编码方式，在编码矩阵中，基本原理就是在时刻 t 天线 1 上传输符号 s1，天线 2 上传输符号 s2；在时刻 $t+1$ 天线 1 上传输符号-s2*，天线 2 上传输符号 s1*。

（2）空频块码（Space Frequency Block Code，SFBC）

STBC 适用于窄带慢衰落无线信道，对于实际的宽带无线信道，直接应用 STBC 并不合适。将空时分组码与 OFDM 结合，便构成了空频块码 SFBC。在 SFBC 系统中，发射端的信息比特经过调制得到信息符号，经 SFBC 编码，然后分流并进行 OFDM 调制，在各个天线中发送出去。

2．延迟发射分集

延迟发射分集是一种最基本的发射分集方式，最初应用于单载波系统。在这个方案中，发射端使用多个天线传输信号，相同信号的副本引入不同的时间延迟在不同的天线上发送，各个路径的信号在统计意义上相互独立。该方案将空间分集转化为频率分集，利用频率分集增益，降低系统的差错概率。

在接收端，系统的接收机结构与单天线接收机完全一致。但是为了避免延迟发射分集造成的码间干扰，接收端需要利用均衡技术消除干扰，如采用最大似然序列估计（MLSE）、最小均方误差（MMSE）算法、维特比译码法均可获得分集增益。延迟发射分集适用于改善平坦衰落信道或时延扩展较小的信道的信道质量。

3．循环延迟发射分集

延迟发射分集获得了分集增益，但是引入了码间干扰，接收机需要采用均衡器来消除干扰，这增加了接收机的复杂度。为解决这个问题，提出了循环延迟发射分集（Cyclic Delay Diversity，CDD）。在循环延迟发射分集系统中，各个天线支路的信号并没有在时间上滞后，而是在信号内部进行了循环移位，既不会产生码间干扰的问题也不用增加循环前缀的长度，此方案可以在不增加接收机复杂度的前提下获得分集增益。

4．切换发射分集

切换发射分集技术是指当发射端存在多根传输天线时，按照预定的模式选择其中的一根天线进行传输，并不断在天线间切换，包括时间切换分集（Time Switched Transmitdiversity，TSTD）和频率切换发射分集（Frequency Switched Transmit Diversity，FSTD）两种。

TSTD 方案中，在不同的时间段上选择不同的天线交替进行信号发送，TSTD 的时间切换发送过程削弱了同一个码块内符号之间的时间相关性，这样可以通过纠错编码获得分集增益。

FSTD 方案中，在不同的子载波上选择不同的天线交替进行信号发送。FSTD 方式中，减小了子载波之间的相关性，使等效信道产生了频率选择性，因而同样可以利用纠错编码提高差错概率性能。

（二）波束赋形（Beamforming）

波束赋形是一种基于天线阵列的信号与预处理技术，其工作原理是利用空间信道的强相关性及波的干涉原理产生强方向性的辐射方向图，使辐射方向图的主瓣自适应地指向用户来波方向，从而提高信噪比，获得明显的阵列增益。波束赋形技术在扩大覆盖范围、改善边缘吞吐量以及干扰抑制等方面都有很大的优势。波束赋形的权值仅仅需要匹配信道的慢变化，如来波方向（Direction of Arrival，DOA）和平均路损。因此，在进行波束赋形时，可以不用终端反馈所需信息，而在基站侧通过测量上行接收信号获得来波方向和路损信息。

为了获得波束赋形增益，需要使用较多的天线单元，而目前 LTE 仅仅考虑最多使用 4 个公共导频，无法支持在超过 4 根天线单元的天线阵列上使用波束赋形，因此波束赋形需要使用专用导频。

波束赋形技术已经在 TD-SCDMA 系统中得到了成功的应用，在 TD-LTE R8 中采用了单流波束赋形技术。TD-LTE R9 中则将波束赋形技术扩展到了双流波束赋形。

1. 单流波束赋形

LTE R8 中仅支持基于专用导频的单流波束赋形技术。在传输过程中，UE 需要通过测量专用导频来估计波束赋形后的等效信道，并进行相干检测。为了能够估计波束赋形后传输所经历的信道，基站必须发送一个与数据同时传输的波束赋形参考信号，这个参考信号是用户专用的，对应于用户专用参考信号的传输称作使用天线端口 5 的传输。

单流波束赋形可根据赋形向量的获取方式分为长期波束赋形和短期波束赋形两种。短期的波束赋形最常见的是基于奇异值分解（Singular Value Decomposition，SVD）波束赋形，长期的波束赋形通常称为基于来波方向（Direction Of Arrival，DOA）的波束赋形。

2. 双流波束赋形

LTE R9 中将波束赋形扩展到了双流传输，实现了波束赋形与空间复用技术的结合。双流波束赋形技术应用于信号散射体比较充分的条件下，结合了智能天线技术和 MIMO 空间复用技术，利用 TDD 信道的对称性，同时传输多个数据流实现空分复用，并且能够保持传统单流波束赋形技术广覆盖、小区容量大和干扰小的特性，既可以提高边缘用户的可靠性，又可有效提升小区中心用户的吞吐量。在双流赋形中，UE 基于对专用导频的测量估计波束赋形后的等效信道。对于 TDD 系统，更适合利用信道的互易性并采用非反馈预编码矩阵的码本号（Pre-Coding Matrix Index，PMI）方式实现双流波束赋形。双流波束赋形又可分为单用户波束赋形和多用户波束赋形两种。

（1）单用户波束赋形

单用户双流波束赋形技术，由基站测量上行信道，得到上行信道状态信息后，基站根据上行信道信息计算两个赋形矢量，利用该赋形矢量对要发射的两个数据流进行下行赋形。

采用单用户双流波束赋形技术，使得单个用户在某一时刻可以进行两个数据流传输，同时获得赋形增益和空间复用增益，可以获得比单流波束赋形技术更大的传输速率，进而提高系统容量。

（2）多用户波束赋形

多用户双流波束赋形技术，基站将两个或多个 UE 调度在同样的时频资源上，根据上行信道信息或者 UE 反馈的结果进行多用户匹配，完成后按照一定的准则生成波束赋形矢量，利用得到的波束赋形矢量为每一个 UE、每一个流进行赋形。多用户双流波束赋形技术，利用了智能天线的波束定向原理，实现多用户的空分多址。

（三）空时预编码

LTE 既支持开环方式的空间复用，也支持闭环方式的空间复用。在开环方式的空间复用系统中，接收端不能获得任何信道状态信息（Channel State Information，CSI），各个并行的数据流均等地分配功率与传输速率，并采用全向天线发射。在这种开环的方式中，接收机需要通过均衡算法匹配信道接收信号，而发送信号并未与信道相匹配。在闭环方式的空间复用（即预编码技术）系统中，接收端将信道状态信息反馈给发送端，发送端对发射信号的空间特性进行优化，使发送信号的空间分布特性和信道条件相匹配，因而可以有效降低接收机均衡算法的复杂度，获得更好的性能。

预编码技术可以分为线性和非线性两种，目前考虑到非线性方法的复杂度，无线通信系统中一般只考虑线性预编码。线性预编码的作用是将天线域的处理转换为波束域的处理，在发射端利用已知的空间信道信息进行预处理操作，进一步提高用户和系统的吞吐量。

　　线性预编码按预编码矩阵的获得位置分为两大类：非码本的预编码（Non-codebookbased Pre-Coding）和基于码本的预编码（Codebook Based Pre-Coding）。所谓码本，是指有限个预编码矩阵所构成的集合。在基于码本的预编码方式中，可用的预编码矩阵只能从特定的码本中选取。而在非码本方式的预编码中，并不对可选用的预编码的个数进行限制，预编码矩阵可以是任何符号设计规则与应用条件限制的矩阵。

1．非码本的预编码方式

　　在非码本的预编码方式中，在发射端获得预编码矩阵。发射端利用预测的 CSI 信息计算预编码矩阵。在 TD-LTE 系统中，CSI 信息可以利用信道对称性获得。常见的预编码矩阵的计算方法有奇异值分解（Singular Value Decomposition，SVD）、均匀信道分解（Uniform Channel Decomposition，UCD）等。

　　为了使 UE 能够进行相干解调，非码本的预编码方式要求使用专用导频，即数据符号和导频符号一起进行预编码操作。这样接收端只需通过信道估计就可以获得预编码后的等效信道。

2．基于码本的预编码

　　在实际的通信系统中，反馈信息会占用很多的资源，尤其在快衰落信道中，对反馈信息的效率和准确度要求较高，这时采用基于码本的预编码。由于只需要反馈预编码矩阵的码本号（Pre-Coding Matrix Index，PMI），所以能够节省反馈信道资源并快速跟踪信道的变化。在基于码本的预编码方式中，预编码矩阵在接收端获得。UE 根据公共导频（Cell-Specific RS，CRS）测量下行信道，利用预测的信道状态信息，在预定的预编码矩阵码本中选择预编码矩阵，并将选定的预编码矩阵的序号反馈给发射端。

　　eNodeB 在下行传输过程中，将以 UE 上报的预编码矩阵标号（PMI）为参考对数据进行预编码。考虑到 eNodeB 在下行使用的预编码矩阵可能与 UE 上报的 PMI 不一致，为了保证 UE 能获知预编码后的等效信道并对下行数据进行相干解调，eNodeB 需要在下行控制信令中明确指示其所用的预编码矩阵。基于码本的 CQI 计算过程能够反映 UE 的处理算法，因而相对比较准确。但是，基于码本的预编码方法存在量化精度损失的问题，因此预编码矩阵不能与信道精确匹配。

（四）下行多用户 MIMO

　　MIMO 技术利用多径衰落，在不增加带宽和天线发送功率的情况下，能提高信道容量、频谱利用率及下行数据的传输质量。LTE 已确定 MIMO 天线个数的基本配置是下行 2×2、上行 1×2，但也在考虑 4×4 的高阶天线配置。

　　当基站将占用相同时频资源的多个数据流发送给同一个用户时，即为单用户 MIMO（Single-User MIMO，SU-MIMO），或者叫空分复用（Space Division Multiplexing，SDM）；当基站将占用相同时频资源的多个数据流发送给不同的用户时，即为多用户 MIMO（Multiple-User MIMO，MU-MIMO），或者叫作空分多址（Space Division Multiple Access，SDMA）。

下行方向 MIMO 方案相对较多，根据 2006 年 3 月雅典会议报告，LTE MIMO 下行方案可分为两大类：发射分集和空间复用两大类。目前，考虑采用的发射分集方案包括块状编码传送分集（STBC、SFBC）、时间转换发射分集（TSTD）、频率转换发射分集（FSTD）、包括循环延迟分集（CDD）在内的延迟分集（作为广播信道的基本方案）和基于预编码向量选择的预编码技术。其中预编码技术已被确定为多用户 MIMO 场景的传送方案。

多用户 MIMO 技术利用多天线提供的空间自由度分离用户，各个用户可以占用相同的时频资源，信号依赖发射端的信号处理算法抑制多用户之间的干扰，通过时频资源复用的方式有效提高小区平均吞吐量。在小区负载较重时，通过简单的多用户调度算法就可以获得显著的多用户分集增益，是获得高系统容量的有效手段。由于小间距天线能够形成有明确指向性的波束，因此多用户 MIMO 适用于小间距高相关性天线系统。小间距天线形成的较宽波束也保证了在信道变化比较快时，分离各个用户的有效性。基本上有两种实现 MU-MIMO 的方式，其主要差别是如何分离空间数据流。

具体的处理流程如下。

（1）接收端估计信道：各用户通过信道估计，估计出其与基站之间的信道矩阵。

（2）接收端反馈：接收端依次计算码本中每个预编码矢量对应的信号与干扰和噪声比（Signal to Interference plus Noise Ratio，SINR）值，然后反馈最大 SINR 值对应的码本索引值给基站。

（3）发送端用户匹配：基站收集各用户反馈的码本索引值，将预编码矢量为矩阵的不同列矢量的多个用户归为一组。

（4）发送端为已经配对的用户分别选择编码调制方式（AMC）并进行预编码操作，然后发送出去。

（5）接收端利用最小均方误差（Minimum Mean Square Error，MMSE）准则消除其他用户的干扰，恢复出自己的数据。

（五）上行多用户 MIMO

在 LTE 中应用 MIMO 技术的上行基本天线配置为 1-2，即一根发送天线和两根接收天线。与下行多用户 MIMO 不同，上行多用户 MIMO 是一个虚拟的 MIMO 系统，即每一个终端均发送一个数据流，两个或者更多的数据流占用相同的时频资源，这样从接收机来看，这些来自不同终端的数据流可以看作来自同一终端不同天线上的数据流，从而构成一个 MIMO 系统。

虚拟 MIMO 的本质是利用了来自不同终端的多个天线提高了空间的自由度，充分利用了潜在的信道容量。由于上行虚拟 MIMO 是多用户 MIMO 传输方式，每个终端的导频信号需要采用不同的正交导频序列，以利于估计上行信道信息。对单个终端而言，并不需要知道其他终端是否采用 MIMO 方式，只要根据下行控制信令的指示，在所分配的时频资源中发送导频和数据信号，在基站侧，由于知道所有终端的资源分配和导频信号序列，因此可以检测出多个终端发送的信号。上行 MIMO 技术并不会增加终端发送的复杂度。

二、LTE 系统中的 MIMO 模型

无线通信系统中通常采用如下几种传输模型：单输入单输出系统（SISO）、多输入单输

出系统（MISO）、单输入多输出系统（SIMO）和多输入多输出系统（MIMO）。其传输模型如图 4.2 所示。

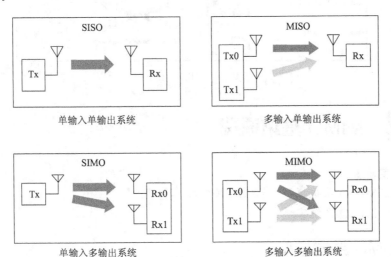

图 4.2 典型传输模型示意图

在一个无线通信系统中，天线是处于最前端的信号处理部分。提高天线系统的性能和效率，将会直接给整个系统带来可观的增益。传统天线系统的发展经历了从单发/单收天线 SISO，到多发/单收 MISO，以及单发/多收 SIMO 天线的阶段。

为了尽可能地抵抗这种时变-多径衰落对信号传输的影响，人们不断地寻找新的技术。采用时间分集（时域交织）和频率分集（扩展频谱技术）技术就是在传统 SISO 系统中抵抗多径衰落的有效手段，而空间分集（多天线）技术就是 MISO、SIMO 或 MIMO 系统进一步抵抗衰落的有效手段。

LTE 系统中常用的 MIMO 模型有下行单用户 MIMO（SU-MIMO）和上行多用户 MIMO（MU-MIMO）。

SU-MIMO（单用户 MIMO）：指在同一时频单元上，一个用户独占所有空间资源，这时的预编码考虑的是单个收发链路的性能，其传输模型如图 4.3 所示。

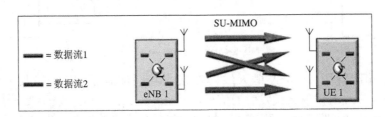

图 4.3 单用户 MIMO

MU-MIMO（多用户 MIMO）：多个终端同时使用相同的时频资源块进行上行传输，其中每个终端都是采用一根发射天线，系统侧接收机对上行多用户混合接收信号进行联合检测，最后恢复出各个用户的原始发射信号。上行 MU-MIMO 是大幅提高 LTE 系统上行频谱效率的一个重要手段，但是无法提高上行单用户峰值吞吐量。其传输模型如图 4.4 所示。

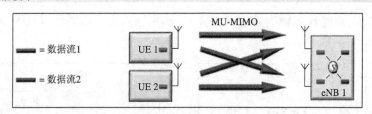

图 4.4　多用户 MIMO

任务 2　MIMO 基本原理

【本任务要求】

1. 识记：MIMO 系统模型、MIMO 关键技术。
2. 领会：MIMO 系统容量。

一、MIMO 系统模型

MIMO 系统在发射端和接收端均采用多天线（或阵列天线）和多通道，MIMO 的多入多出是针对多径无线信道而言的。图 4.5 为 MIMO 系统的原理图。

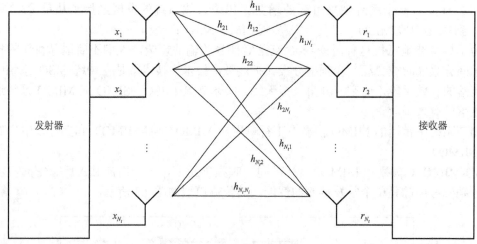

图 4.5　多入多出系统原理

在发射器端配置了 N_t 个发射天线，在接收器端配置了 N_r 个接收天线，x_j（$j=1$，2 ,……N_t）表示第 j 号发射天线发射的信号，r_i（$i=1, 2$,…… N_r）表示第 i 号接收天线接收的信号，h_{ij} 表示第 j 号发射天线到第 i 号接收天线的信道衰落系数。在接收端，噪声信号 n_i 是统计独立的复零均值高斯变量，而且与发射信号独立，不同时刻的噪声信号间也相互独立，每一个接收天线接收的噪声信号功率相同，都为 σ_2。假设信道是准静态的平坦瑞利衰落信道。

MIMO 将多径无线信道与发射、接收视为一个整体进行优化，从而实现高的通信容量和频谱利用率。这是一种近于最优的空域时域联合的分集和干扰对消处理。

二、MIMO 系统容量

系统容量是表征通信系统最重要的标志之一，表示通信系统最大传输率。无线信道容量是评价一个无线信道性能的综合性指标，它描述了在给定的信噪比（SNR）和带宽条件下，某一信道能可靠传输的传输速率极限。传统的单输入单输出系统的容量由香农（Shannon）公式给出，而 MIMO 系统的容量是多天线信道的容量问题。

假设：在发射端，发射信号是零均值独立同分布的高斯变量，总的发射功率限制为 P_t，各个天线发射的信号都有相等的功率 N_t / P_t。由于发射信号的带宽足够窄，因此认为它的频率响应是平坦的，即信道是无记忆的。在接收端，噪声信号 N_i 是统计独立的复零均值高斯变量，而且与发射信号独立，不同时刻的噪声信号间也相互独立，每一个接收天线接收的噪声信号功率相同，都为 σ_2。假设每一根天线的接收功率等于总的发射功率，那么，每一根接收天线处的平均信噪比为 $SNR = P_t / \sigma_2$。

信道容量并不依赖于发射天线数目 N_t 和接收天线数目 N_r 谁大谁小。一般情况下，信道相关矩阵的非零特征值数目为 $K \leqslant \min(N_r, N_t)$，从而可以求得 MIMO 信道容量的上限。当 $N_r = N_t$ 时，MIMO 系统信道容量的上限恰好是单入单出（SISO）系统信道容量上限的 $N_r = N_t$ 倍。

对于 MIMO 系统而言，如果接收端拥有信道矩阵的精确信息，MIMO 的信道可以分解为 $\min(N_r, N_t)$ 个独立的并行信道，其信道容量与 $\min(N_r, N_t)$ 个并列 SISO 系统的信道容量之和等价，且随着发射天线和接收天线的数目以 $\min(N_r, N_t)$ 线性增长。也就是说，采用 MIMO 技术，系统的信道容量随着天线数量的增大而线性增大，在不增加带宽和天线发送功率的情况下，频谱利用率可以成倍提高。

三、MIMO 关键技术

为了满足系统中高速数据传输速率和高系统容量方面的需求，LTE 系统的下行 MIMO 技术支持 2×2 的基本天线配置。下行 MIMO 技术主要包括：空间分集、空间复用及波束赋形三大类。与下行 MIMO 相同，LTE 系统上行 MIMO 技术也包括空间分集和空间复用。

在 LTE 系统中，应用 MIMO 技术的上行基本天线配置为 1×2，即一根发送天线和两根接收天线。考虑到终端实现复杂度的问题，目前对于上行并不支持一个终端同时使用两根天线进行信号发送，即只考虑存在单一上行传输链路的情况。因此，在当前阶段，上行仅支持上行天线选择和多用户 MIMO 两种方案。

（一）空间复用

空间复用的主要原理是利用空间信道的弱相关性，通过在多个相互独立的空间信道上传输不同的数据流，从而提高数据传输的峰值速率。LTE 系统中的空间复用技术包括：开环空间复用和闭环空间复用。

（1）开环空间复用：LTE 系统支持基于多码字的空间复用传输。所谓多码字，即用于空间复用传输的多层数据来自于多个不同的独立进行信道编码的数据流，每个码字可以独立进行速率控制。

（2）闭环空间复用：即所谓的线性预编码技术。线性预编码技术的作用是将天线域的处理转化为波束域进行处理，在发射端利用已知的空间信道信息进行预处理操作，从而进一步提高用户和系统的吞吐量。线性预编码技术可以按其预编码矩阵的获取方式划分为两大类：非码本的预编码和基于码本的预编码。

非码本的预编码方式：对于非码本的预编码方式，预编码矩阵在发射端获得，发射端利用预测的信道状态信息计算预编码矩阵，常见的预编码矩阵计算方法有奇异值分解、均匀信道分解等，其中奇异值分解方案最为常用。对于非码本的预编码方式，发射端有多种方式可以获得空间信道状态信息，如直接反馈信道、差分反馈、利用 TDD 信道对称性等。

基于码本的预编码方式：对于基于码本的预编码方式，预编码矩阵在接收端获得，接收端利用预测的信道状态信息，在预定的预编码矩阵码本中选择预编码矩阵，并将选定的预编码矩阵的序号反馈至发射端。

MIMO 系统的空间复用原理图如图 4.6 所示。

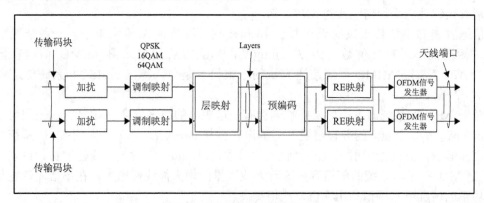

图 4.6　MIMO 系统空间复用原理图

在目前的 LTE 协议中，下行采用的是 SU-MIMO。可以采用 MIMO 发射的信道有 PDSCH 和 PMCH，其余的下行物理信道不支持 MIMO，只能采用单天线发射或发射分集。

（二）空间分集

采用多个收发天线的空间分集可以很好地对抗传输信道的衰落。空间分集分为发射分集、接收分集和接收发射分集 3 种。

1. 发射分集

发射分集是在发射端使用多幅发射天线发射信息，通过对不同的天线发射的信号进行编码达到空间分集的目的，接收端可以获得比单天线高的信噪比。发射分集包含空时发射分集（STTD）、空频发射分集（SFBC）和循环延迟分集（CDD）几种。

（1）空时发射分集（STTD）

① 在发射端对数据流进行联合编码，以减小由于信道衰落和噪声导致的符号错误概率。

② 空时编码通过在发射端的联合编码增加信号的冗余度，从而使得信号在接收端获得时间和空间分集增益。可以利用额外的分集增益提高通信链路的可靠性，也可在同样可靠性下，利用高阶调制提高数据率和频谱利用率。

基于发射分集的空时编码（Space-Time Coding，STC）技术的一般结构如图 4.7 所示。

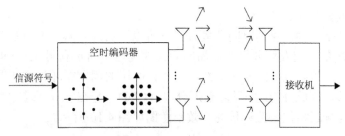

图 4.7　空时发射分集原理图

STC 技术的物理实质在于利用存在于空域与时域之间的正交或准正交特性，按照某种设计准则，把编码冗余信息尽量均匀映射到空时二维平面，以减弱无线多径传播引起的空间选择性衰落及时间选择性衰落的消极影响，从而实现无线信道中高可靠性的高速数据传输。STC 的原理图如图 4.8 所示。

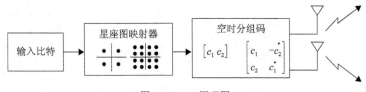

图 4.8　STC 原理图

典型的有空时格码（Space-Time Trellis Code，STTC）和空时块码（Space-Time Block Code，STBC）。

（2）空频发射分集（SFBC）

空频发射分集与空时发射分集类似，不同的是 SFBC 是对发送的符号进行频域和空域编码。

将同一组数据承载在不同的子载波上面获得频率分集增益。

2 天线空频发射分集原理图如图 4.9 所示。

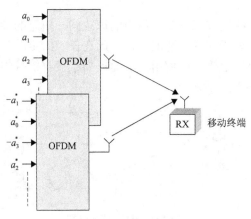

图 4.9　SFBC 原理图

除 2 天线 SFBC 发射分集外，LTE 协议还支持 4 天线 SFBC 发射分集，并给出了构造方法。SFBC 发射分集方式通常要求发射天线尽可能独立，以最大限度地获取分集增益。

（3）循环延迟分集（CDD）

延迟发射分集是一种常见的时间分集方式，可以通俗地理解为发射端为接收端人为制造多径。LTE 中采用的延迟发射分集并非简单的线性延迟，而是利用 CP（即循环前缀）特性采用循环延迟操作。根据 DFT 变换特性，信号在时域的周期循环移位（即延时）相当于频域的线性相位偏移，因此 LTE 的循环延迟分集（CDD）是在频域上进行操作的。下行发射机时域循环移位与频域相位线性偏移的等效示意图如图 4.10 所示。

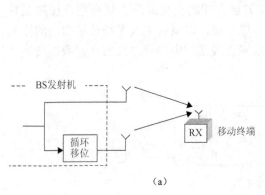

图 4.10　CDD 原理图

LTE 协议支持一种与下行空间复用联合作用的大延迟 CDD 模式。大延时 CDD 将循环延迟的概念从天线端口搬到了 SU-MIMO 空间复用的层上，并且延迟明显增大，仍以 2 天线为例，延迟达到了半个符号积分周期（即 $1\,024T_\mathrm{s}$）。

目前 LTE 协议支持 2 天线和 4 天线的下行 CDD 发射分集。CDD 发射分集方式通常要求发射天线尽可能独立，以最大限度地获取分集增益。

2．接收分集

接收分集是指多个天线接收来自多个信道的承载同一信息的多个独立的信号副本。

由于信号不可能同时处于深衰落情况中，因此在任一给定的时刻，至少可以保证有一个强度足够大的信号副本提供给接收机使用，从而提高了接收信号的信噪比。

接收分集原理图如图 4.11 所示。

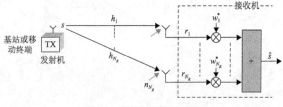

图 4.11　接收分集原理图

（三）波束赋形

MIMO 中的波束赋形方式与智能天线系统中的波束赋形类似，在发射端将待发射数据矢量加权，形成某种方向图后到达接收端，接收端再对收到的信号进行上行波束赋形，抑制噪声和干扰。

与常规智能天线不同的是，原来的下行波束赋形只针对一个天线，现在需要针对多个天线。通过下行波束赋形，使信号在用户方向上得到加强，通过上行波束赋形，使用户具有更强的抗干扰能力和抗噪能力。因此，和发射分集类似，可以利用额外的波束赋形增益提高通信链路的可靠性，也可在同样可靠性下，利用高阶调制提高数据率和频谱利用率。

波束赋形原理图如图 4.12 所示。

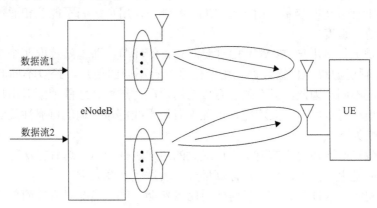

图 4.12　波束赋形原理图

典型的波束赋形可以有以下两种分类方式。

（1）按照信号的发射方式分类。

① 传统波束赋形：当信道特征值只有一个或只有一个接收天线时，沿特征向量发射所有的功率实现波束赋形。

② 特征波束赋形（Eigen-Beamforming）：对信道矩阵进行特征值分解，信道将转化为多个并行的信道，在每个信道上独立传输数据。

（2）按反馈的信道信息分类。

① 瞬时信道信息反馈。

② 信道均值信息反馈。

③ 信道协方差矩阵反馈。

（四）上行天线选择

对于 FDD 模式，存在开环和闭环两种天线选择方案。开环方案即 UMTS 系统中的时间切换传输分集（TSTD）。在开环方案中，上行共享数据信道在天线间交替发送，这样可以获得空间分集，从而避免共享数据信道的深衰落。在闭环天线选择方案中，UE 必须从不同的天线发射参考符号，用于在基站侧提前测量信道质量，基站选址可以提供更高接收信号功率的天线，用于后续传输共享数据信道，被选中的天线信息需要通过下行控制信道反馈给目标 UE，最后，UE 使用被选中的天线传输上行共享数据信道。

对于 TDD 模式，可以利用上行与下行信道之间的对称性，这样，上行天线选择可以基于下行 MIMO 信道估计来进行。

一般来讲，最优天线选择准则可分为两种：一种是以最大化多天线提供的分集来提高传输质量；另一种是以最大化多天线提供的容量来提高传输效率。

与传统的单天线传输技术相比，上行天线选择技术可以提供更多的分集增益，同时保持与单天线传输技术相同的复杂度。从本质上看，该技术是以增加反馈参考信号为代价而取得了信道容量提升。

（五）上行多用户 MIMO

对于 LTE 系统上行链路，在每个用户终端只有一个天线的情况下，如果把两个移动台合起来进行发送，按照一定方式把两个移动台的天线配合成一对，它们之间共享配对的两天线，使用相同的时/频资源，那么这两个移动台和基站之间就可以构成一个虚拟 MIMO 系统，从而提高上行系统的容量。由于在 LTE 系统中，用户之间不能互相通信，因此，该方案必须由基站统一调度。

用户配对是上行多用户 MIMO 的重要而独特的环节，即基站选取两个或多个单天线用户在同样的时/频资源块中传输数据。由于信号来自不同的用户，经过不同的信道，用户间互相干扰的程度不同，因此，只有通过有效的用户配对过程，才能使配对用户之间的干扰最小，进而更好地获得多用户分集增益，保证配对后无线链路传输的可靠性及健壮性。目前已提出的配对策略如下。

（1）正交配对：选择两个信道正交性最大的用户进行配对，这种方法可以减少用户之间的配对干扰，但是由于搜寻正交用户计算量大，所以复杂度太大。

（2）随机配对：这种配对方法目前使用比较普遍，优点是配对方式简单，配对用户的选择随机生成，复杂度低，计算量小。缺点是对于随机配对的用户，有可能由于信道相关性大而产生比较大的干扰。

（3）基于路径损耗和慢衰落排序的配对方法：将用户路径损耗加慢衰落值的和进行排序，对排序后相邻的用户进行配对。这种配对方法简单，复杂度低，在用户移动缓慢、路径损耗和慢衰落变化缓慢的情况下，用户重新配对频率也会降低，而且由于配对用户路径损耗加慢衰落值相近，所以也降低了用户产生"远近"效应的可能性。缺点是配对用户信道相关性和配对用户之间的干扰可能比较大。

综上所述，MIMO 传输方案的应用如表 4.1 所示。

表 4.1 MIMO 传输方案应用

传 输 方 案	秩	信道相关性	移 动 性	数 据 速 率	在小区中的位置
发射分集（SFBC）	1	低	高/中速移动	低	小区边缘
开环空间复用	2/4	低	高/中速移动	中/低	小区中心/边缘
双流预编码	2/4	低	低速移动	高	小区中心
多用户 MIMO	2/4	低	低速移动	高	小区中心
码本波束赋形	1	高	低速移动	低	小区边缘
非码本波束赋形	1	高	低速移动	低	小区边缘

理论上，虚拟 MIMO 技术可以极大地提高系统吞吐量，但是实际配对策略以及如何有效地为配对用户分配资源的问题，都会对系统吞吐量产生很大的影响。因此，只有在性能和复杂度两者之间取得良好的折中，虚拟 MIMO 技术的优势才能充分发挥出来。

任务 3　MIMO 的应用

【本任务要求】

1. 识记：MIMO 在 LTE 系统中的应用、MIMO 的几种典型应用场景、发射分集的应用场景。

2. 领会：MIMO 系统的天线选择方案、闭环空间复用的应用场景、波束赋形的应用场景。

一、MIMO 模式概述

LTE 中主要有 7 种 MIMO 模式，Mode 1～Mode 7。7 种模式描述如表 4.2 所示。

表 4.2　　　　　　　　　　　　　　7 种 MIMO 模式

传输模式	DCI 格式	搜索空间	PDSCH 对应的 PDCCH 传输方案
Mode 1	DCI format 1A	Common and UE specific by C-RNTI	Single-antenna port, port 0
	DCI format 1	UE specific by C-RNTI	Single-antenna port, port 0
Mode 2	DCI format 1A	Common and UE specific by C-RNTI	Transmit diversity
	DCI format 1	UE specific by C-RNTI	Transmit diversity
Mode 3	DCI format 1A	Common and UE specific by C-RNTI	Transmit diversity
	DCI format 2A	UE specific by C-RNTI	Large delay CDD or Transmit diversity
Mode 4	DCI format 1A	Common and UE specific by C-RNTI	Transmit diversity
	DCI format 2	UE specific by C-RNTI	Closed-loop spatial multiplexing or Transmit diversity
Mode 5	DCI format 1A	Common and UE specific by C-RNTI	Transmit diversity
	DCI format 1D	UE specific by C-RNTI	Multi-user MIMO
Mode 6	DCI format 1A	Common and UE specific by C-RNTI	Transmit diversity
	DCI format 1B	UE specific by C-RNTI	Closed-loop spatial multiplexing using a single transmission layer
Mode 7	DCI format 1A	Common and UE specific by C-RNTI	If the number of PBCH antenna ports is one, Single-antenna port, port 0 is used, otherwise Transmit diversity
	DCI format 1	UE specific by C-RNTI	Single-antenna port; port 5

7 种模式的特点如下。

（1）Mode1：单天线模式。

（2）Mode 2：发射分集模式。

（3）Mode 3：开环空间复用，适用于高速移动模式。

（4）Mode 4：闭环空间复用，适用于低速移动模式。

（5）Mode 5：支持两 UE 的多用户 MIMO（MU-MIMO）。

（6）Mode 6：闭环发射分集，可以获得较好的覆盖。

（7）Mode 7：波束赋形（Beam-Forming，BF）方案。

7 种 MIMO 模式在下行物理信道的应用情况如表 4.3 所示。

表 4.3　　　　　　　　　　　MIMO 模式在下行物理信道的应用

物 理 信 道	Mode1	Mode 2	Mode 3～Mode 7
PDSCH	√	√	√
PBCH	√	√	
PCFICH	√	√	
PDCCH	√	√	
PHICH	√	√	
SCH	√	√	

Mode 1～Mode 2 适用于 PDSCH、PBCH、PCFICH、PDCCH、PHICH 和 SCH 下行物理信道。

Mode 3～Mode 7 适用于 PDSCH 下行物理信道。

MIMO 系统模式选择说明。

（1）Mode 2，发射分集：主要用于对抗衰落，提高信号传输的可靠性，适用于小区边缘用户。

（2）Mode 3，开环空间复用：针对小区中心用户，提高峰值速率，适用于高速移动场景。

（3）Mode 4，闭环空间复用：2 码字，高峰值速率，适用于小区中心用户；1 码字，增加小区功率和抑制干扰，适用于小区边缘用户。

（4）Mode 5，多用户 MIMO：提高系统容量；适用于上行链路传输和室内覆盖。

（5）Mode 6，闭环秩=1 预编码：增强小区功率和小区覆盖，适用于市区等业务密集区。

（6）Mode 7，单天线端口，端口 5：无码本波束赋形；适用于 TDD；增加小区功率和抑制干扰，适用于小区边缘用户。

某些环境因素的改变，导致手机需要自适应 MIMO 模式，具体影响因素如下。

1．移动性环境改变

（1）Mode 2/3 适用于高速移动环境，不要求终端反馈预编码矩阵指示（Pre-coding Matrix Indication，PMI）。

（2）Mode 4/5/6/7 适用于低速移动环境，不要求终端反馈 PMI 和秩指示（rank indication，RI）。

（3）如果从低速移动变为高速移动，采用 Mode 2 和 Mode 3。

（4）如果从高速移动变为低速移动，采用 Mode 4 和 Mode 6。

2．秩改变

（1）低相关性环境：如果秩>= 2，采用大延迟 CDD 和双流预编码。

（2）高相关性环境：如果秩=1，采用码本波束赋形或 SFBC。

（3）信道相关性改变：如果信道相关性从低到高变化，采用 SFBC 和码本波束赋形；如果信道相关性从高到低变化，采用双流预编码。

3. 用户和小区的相对位置改变

（1）小区中心：信噪比较高，采用双流预编码可以最大限度地提高系统容量。

（2）小区边缘：信噪比较低，采用单流预编码可以提高小区覆盖范围。

（3）用户和小区相对位置变化：如果从小区中心向小区边缘移动，采用单流预编码，如 SFBC 和码本波束赋形；如果从小区边缘向小区中心移动，在秩 >1 时，采用双流预编码。

二、典型应用场景

MIMO 部署的几种典型场景如图 4.13 所示。

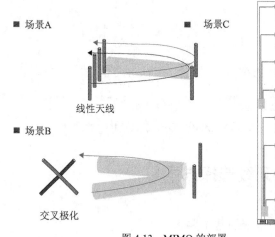

图 4.13　MIMO 的部署

场景 A：

（1）适用于覆盖范围广的地区，如农村或交通公路。

（2）简单的多径环境。

（3）采用 Mode 6 码本波束赋形。

（4）保持半波长间距的 4 根发射天线。

（5）增加约 4dB 链路预算。

场景 B：

（1）适用于市区、郊区、热点地区和多径环境。

（2）更注重发射能力，而非覆盖。

（3）2 / 4 传输交叉极化天线。

（4）低流动性：Mode 4 闭环空间复用。

（5）高流动性：Mode 3 发射分集。

场景 C：

（1）适用于室内覆盖。

（2）采用 Mode 5 多用户 MIMO。

（3）在室内覆盖情况下，多用户 MIMO 和 SDMA 原理类似。

（4）由于不同楼层之间的相关性较低，多个用户可以在不同楼层使用相同的无线资源。

三、发射分集的应用场景

MIMO 系统的天线选择方案如图 4.14 所示。

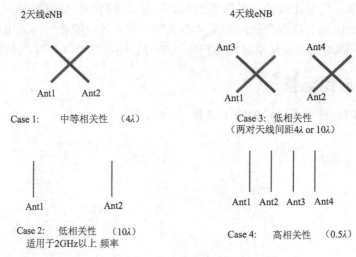

图 4.14　MIMO 系统的天线选择方案

四、MIMO 系统的天线选择方案

Case 1：

（1）Case1 能够满足 LTE 系统的基本要求。

（2）适用于大多数情况，如高/低速移动、高/低相关性信道衰落。

（3）性能较 Case 2 低。

（4）适用于 Mode 2/3/4/5。

Case 2：

（1）适用于热点区域和复杂的多径环境。

（2）能够提高系统容量。

（3）安装难度高，尤其在频率低于 2GHz 时。

（4）适用于模式 4/5。

Case 3

（1）适用于所有模式。

（2）由于有 4 个天线端口，与 2 天线端口相比，最大的优点是能够提高上行覆盖范围。

（3）安装占用空间较大。

Case 4

（1）适用于 Mode 6。

（2）适用于大覆盖范围，如农村。

（3）需要考虑 LTE 天线类型的选择。

综上所述，在 LTE 发展初期，Case1 是较好的选择，它可以在大多数情况下发展 LTE 网络。Case 2 可以用在市区等对数据速率要求较高的复杂多径环境下。Case 3/4 可以用在

LTE 网络发展的第二个阶段，尤其在上行链路能够提高 LTE 网络覆盖范围。

在简单的多径环境如农村，高相关性天线（Case 4）通常用来增加小区半径。在复杂的多路径环境如市区，低相关性天线（Case 1/2/3）通常用来增加峰值速率。

五、闭环空间复用的应用场景

闭环空间复用的实现原理如图 4.15 所示。

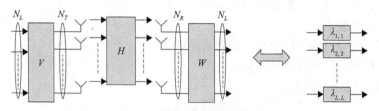

图 4.15　闭环空间复用实现原理

闭环空间复用适用于以下场景
（1）低速移动终端。
（2）带宽有限系统（高信噪比，尤其在小区中心）。
（3）UE 反馈 PMI 和 RI。
（4）复杂的多径环境。
（5）天线具有低互相关性（天线间距 10λ）。

预编码矩阵指示（Pre-Coding Matrix Indicator，PMI）是指仅在闭环空间复用这种发射模式下，终端（UE）告诉基站（eNodeB）应使用什么样的预编码矩阵来给该 UE 的 PDSCH 信道进行预编码。

秩指示（Rank Indicator，RI）是指在开环、闭环空间复用这 2 种发射模式下，关于信道冲激响应（H）的秩（Rank），即 RI=Rank(H)。

六、波束赋形的应用场景

波束赋形的应用场景如图 4.16 所示。

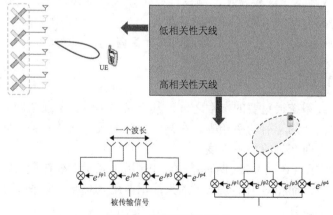

图 4.16　波束赋形应用场景

采用低相关性天线进行波束赋形的特点：

（1）天线间距较远且有不同的极化方向。

（2）天线权重包括相位和振幅。

（3）对发送信号进行相位旋转，以补偿信道相位，并确保接收信号的相位一致。

（4）可以为信道条件较好的天线分配更大功率。

（5）Mode 7，非码本波束赋形。

采用高相关性天线进行波束赋形的特点：

（1）天线间距较小。

（2）不同天线端口的天线权重和信道衰落相同。

（3）不同相位反转到终端的方向。

（4）适用于大区域覆盖。

（5）通过增强接收信号强度来对抗信道衰落。

（6）Mode 6，码本波束赋形。

波束赋形是在发射端将待发射数据矢量加权，形成某种方向图后发送到接收端。

（1）在下行链路提供小区边缘速率：增加信号发射功率，同时抑制干扰。

（2）无码本波束赋形：基于测量的方向性和上行信道条件，基站计算分配给每个发射机信号的控制相位和相对振幅。

（3）基于码本的波束赋形：该机制和秩=1 的 MIMO 预编码相同。UE 从码本中选择一个合适的预编码向量，并上报预编码指示矩阵给基站。

波束赋形应用场景如下。

（1）天线具有高互相关性。

（2）适用于简单的多径环境中，如农村。

（3）跟空间复用相比，波束赋形适合于干扰较小的环境。

任务4 天线技术参数的概念

【本任务要求】

1. 识记：天线增益、波瓣宽度、频段、极化方式、下倾方式、天线的输入阻抗、天线的驻波比、旁瓣抑制与零点填充、端口间隔离度。

2. 领会：辐射方向图、天线的前后比、三阶互调。

一、天线增益

增益是设计天线系统最重要的参数之一，其定义与半波振子或全向天线有关。全向辐射器是假设在所有方向上的辐射功率相等。在某一方向的天线增益是该方向上它产生的场强除以全向辐射器在该方向产生的发生强度。

天线增益一般常用 dBd 和 dBi 两种单位。dBi 用于表示天线在最大辐射方向场强相对于全向辐射器的参考值；而相对于半波振子的天线增益用 dBd 表示。两者有一个固定的 dB 差值，即 0dBd 等于 2.15dBi。

目前国内外基站天线的增益范围从 0dBi 到 20dBi 以上均有应用。用于室内微蜂窝覆盖

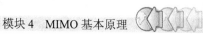

的天线增益一般选择 0～8dBi，室外基站从全向天线增益 9dBi 到定向天线增益 18dBi 应用较多。

增益 20dBi 左右的相对波束较窄的天线多用于地广人稀的高速公路的覆盖。

二、辐射方向图

基站天线辐射方向图可分为全向辐射方向图和定向辐射方向图两大类，分别被称为全向天线和定向天线。图 4.17 示分别为全向天线和定向天线的水平截面图和立体辐射方向图。全向天线在同一水平面内各方向的辐射强度理论上是相等的，它适用于全向小区；定向天线罩中的有一个金属反射板，它的存在使天线在水平面的辐射具备了方向性，适用于扇形小区的覆盖。

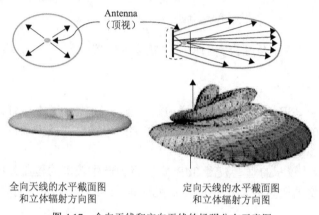

全向天线的水平截面图　　　　　定向天线的水平截面图
和立体辐射方向图　　　　　　　和立体辐射方向图

图 4.17　全向天线和定向天线的场强分布示意图

三、波瓣宽度

1．水平波瓣宽度

全向天线的水平波瓣宽度均为 360°，而定向天线的常见水平波瓣 3dB 宽度有 20°、30°、65°、90°、105°、120°、180°多种，如图 4.18 所示。

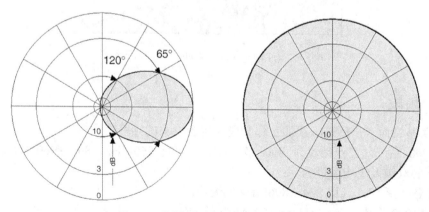

图 4.18　基站天线水平波瓣 3dB 宽度示意图

其中 20°、30°的品种一般增益较高，多用于狭长地带或高速公路的覆盖；65°品种多用于密集城市地区典型基站三扇区配置的覆盖，90°品种多用于城镇郊区地区典型基站三扇区配置的覆盖，105°品种多用于地广人稀地区典型基站三扇区配置的覆盖，如图 4.19 所示。

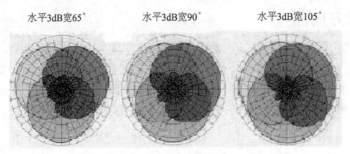

图 4.19　基站天线三扇区覆盖示意图

120°、180°品种多用于角度极宽的特殊形状扇区的覆盖。

2. 垂直波瓣宽度

天线的垂直波瓣 3dB 宽度与天线的增益、水平 3dB 宽度密不可分。基站天线的垂直波瓣 3dB 宽度多在 10°左右。一般来说，在采用同类的天线设计技术条件下，增益相同的天线中，水平波瓣越宽，垂直波瓣 3dB 越窄。

如图 4.20 所示，较窄的垂直波瓣 3dB 宽度将会产生较多的覆盖死区，同样挂高的两副无下倾天线中，较宽的垂直波瓣产生的覆盖死区范围长度为 OX''，小于较窄的垂直波瓣死区范围长度为 OX。

在天线选型时，为了保证对服务区的良好覆盖，减少死区，在同等增益条件下，所选天线垂直波瓣 3dB 宽度应尽量宽些。

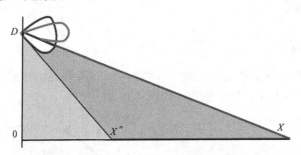

图 4.20　基站天线垂直波瓣 3dB 宽度的选取示意

四、频段

对各类基站而言，所选天线的工作频段应包含要求的频段。

GSM900 系统，工作频段为 890～960MHz、870～960MHz、807～960 MHz 和 890～1880 MHz 的双频天线均为可选。

CDMA800 系统，选用 824～896MHz 的天线。

CDMA1900 系统，选用 1850～1990MHz 的天线。

LTE 系统支持的频段范围如表 4.4 所示。

表 4.4　　　　　　　　　　　　　LTE 频段范围

E-UTRAN Operating Band	Uplink (UL) operating band BS receive UE transmit			Downlink (DL) operating band BS transmit UE receive			Duplex Mode
	F_{ULlow}	–	F_{ULhigh}	F_{DLlow}	–	F_{DLhigh}	
1	1 920 MHz	~	1 980 MHz	2 110 MHz	~	2 170 MHz	FDD
2	1 850 MHz	~	1 910 MHz	1 930 MHz	~	1 990 MHz	FDD
3	1 710 MHz	~	1 785 MHz	1 805 MHz	~	1 880 MHz	FDD
4	1 710 MHz	~	1 755 MHz	2 110 MHz	~	2 155 MHz	FDD
5	824 MHz	~	849 MHz	869 MHz	~	894MHz	FDD
6[1]	830 MHz	~	840 MHz	875 MHz	~	885 MHz	FDD
7	2 500 MHz	~	2 570 MHz	2 620 MHz	~	2 690 MHz	FDD
8	880 MHz	~	915 MHz	925 MHz	~	960 MHz	FDD
9	1 749.9 MHz	~	1 784.9 MHz	1 844.9 MHz	~	1 879.9 MHz	FDD
10	1 710 MHz	~	1 770 MHz	2 110 MHz	~	2 170 MHz	FDD
11	1 427.9 MHz	~	1 447.9 MHz	1 475.9 MHz	~	1 495.9 MHz	FDD
12	698 MHz	~	716 MHz	728 MHz	~	746 MHz	FDD
13	777 MHz	~	787 MHz	746 MHz	~	756 MHz	FDD
14	788	~	798 MHz	758 MHz	~	768 MHz	FDD
15	Reserved			Reserved			FDD
16	Reserved			Reserved			FDD
17	704 MHz	~	716 MHz	734 MHz	~	746 MHz	FDD
18	815 MHz	~	830 MHz	860 MHz	~	875 MHz	FDD
19	830 MHz	~	845 MHz	875 MHz	~	890 MHz	FDD
20	832 MHz	~	862 MHz	791 MHz	~	821 MHz	FDD
21	1 447.9 MHz	~	1 462.9 MHz	1 495.9 MHz	~	1 510.9 MHz	FDD
……							
33	1 900 MHz	~	1 920 MHz	1 900 MHz	~	1 920 MHz	TDD
34	2 010 MHz	~	2 025 MHz	2 010 MHz	~	2 025 MHz	TDD
35	1 850 MHz	~	1 910 MHz	1 850 MHz	~	1 910 MHz	TDD
36	1 930 MHz	~	1 990 MHz	1 930 MHz	~	1 990 MHz	TDD
37	1 910 MHz	~	1 930 MHz	1 910 MHz	~	1 930 MHz	TDD
38	2 570 MHz	~	2 620 MHz	2 570 MHz	~	2 620 MHz	TDD
39	1 880 MHz	~	1 920 MHz	1 880 MHz	~	1 920 MHz	TDD
40	2 300 MHz	~	2 400 MHz	2 300 MHz	~	2 400 MHz	TDD

Note 1: Band 6 is not applicable

　　LTE 系统，对于与 LTE 同频段的其他制式天线可以直接使用，但因为 LTE 需要 2× 2MIMO，因此要求天线端口至少两个，并且端口隔离度为 30dB 以上，或者采用同频段两个单端口天线；对于频段不同的天线，则需要选用对应频段的天线。

从降低带外干扰信号的角度考虑，所选天线的带宽刚好满足频带要求即可。但有时为了实际情况需要，可以选用宽频段天线。

五、极化方式

基站天线多采用线极化方式。其中单极化天线多采用垂直线极化；双极化天线多采用±45°双线极化。由于一根双极化天线是由极化彼此正交的两根天线封装在同一天线罩中组成的，采用双线极化天线可以大大减少天线数目，简化天线工程安装，降低成本，减少天线占地空间，如图 4.21、图 4.22 所示。

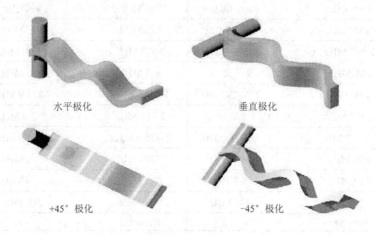

水平极化　　　　　　　　　垂直极化

+45°极化　　　　　　　　　−45°极化

图 4.21　基站天线常用极化方式

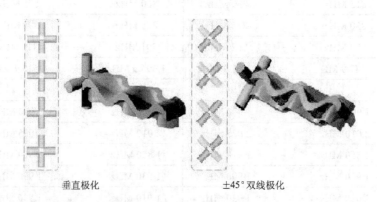

垂直极化　　　　　　　　　±45°双线极化

图 4.22　双极化基站天线示意

六、下倾方式

为了使基站近区的覆盖尽可能减少死区，同时尽量减少对其他相邻基站的干扰，天线应避免过高架设，同时应采用下倾的方式。图 4.23 中高度 h_2 低架天线和高度 h_1 下倾天线产生的死区范围 OX″和 OX′，均小于 D 点处高架无下倾天线的死区范围 OX。

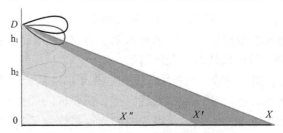

图 4.23　基站天线下倾对比示意

如图 4.24 所示，天线下倾有多种方式：不下倾、电调下倾、机械下倾。其中机械下倾只是在架设时倾斜天线，多用于角度小于 10° 的下倾，当再进一步加大天线下倾的角度时，覆盖正前方出现明显凹坑，两边也被压扁，天线方向图畸变，引起天线正前方覆盖不足同时对两边基站的干扰加剧。机械下倾的另一个缺陷是天线后瓣会上翘，对相邻扇区造成干扰，引起近区高层用户手机掉话。

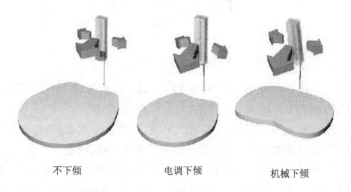

不下倾　　　　　　　　电调下倾　　　　　　　　机械下倾

图 4.24　基站天线下倾方式对比

电调下倾天线的下倾角度范围较大（可大于 10°），天线方向图无明显畸变，天线后瓣也将同时下倾，不会造成对近端高楼用户的干扰。

七、天线的前后比

天线的前后比指标与天线反射板的电尺寸有关，较大的电尺寸将提供较好的前后比指标。例如，水平波瓣 3dB 宽 65° 的天线水平尺寸大于水平波瓣 3dB 宽 90° 的天线，所以，水平波瓣 3dB 宽 65° 的天线前后比一般会优于水平波瓣 3dB 宽 90° 的天线。

室外基站天线前后比一般应大于 25dB 较好，微蜂窝天线由于尺寸相对较小的缘故，天线的前后比指标应适当放宽。

八、天线的输入阻抗 Z_{in}

定义：天线输入端信号电压与信号电流之比，称为天线的输入阻抗。输入阻抗具有电阻分量 R_{in} 和电抗分量 X_{in}，即 $Z_{in}=R_{in}+jX_{in}$。电抗分量的存在会减少天线从馈线对信号功率的提取，因此，必须使电抗分量尽可能为 0，也就是应尽可能使天线的输入阻抗为纯电阻。事实上，即使是设计、调试得很好的天线，其输入阻抗中总也含有一个小的电抗分量值。

输入阻抗与天线的结构、尺寸以及工作波长有关，半波对称振子是最重要的基本天

线 ，其输入阻抗为 Z_{in}= 73.1＋j42.5Ω。当把其长度缩短 3%～5%时，可以消除其中的电抗分量，使天线的输入阻抗为纯电阻，此时的输入阻抗为 Z_{in}=73.1Ω 标称 75Ω。注意，严格地说，纯电阻性的天线输入阻抗只是对点频而言的。

顺便指出，半波折合振子的输入阻抗为半波对称振子的 4 倍，即 Z_{in}=280Ω，标称 300Ω。

但是，对于任一天线，都可通过调试天线阻抗，在要求的工作频率范围内，使输入阻抗的虚部很小且实部相当接近 50Ω，从而使得天线的输入阻抗为 $Z_{in} = R_{in} = 50$Ω，这是天线能与馈线处于良好的阻抗匹配所必须的。

九、天线的驻波比

天线驻波比表示天馈线与基站（收发信机）匹配程度的指标。

驻波比的定义：

$$VSWR = \frac{U_{max}}{U_{min}} \geq 1.0$$

U_{max}：馈线上波腹电压。

U_{min}：馈线上波节电压。

驻波比的产生，是由于入射波能量传输到天线输入端 B 未被全部吸收（辐射），产生反射波，迭加而形成的。$VSWR$ 越大，反射越大，匹配越差。

那么，驻波比差，到底有哪些坏处？在工程上可以接受的驻波比是多少？一个适当的驻波比指标是要在损失能量的数量与制造成本之间进行折中权衡的。

$VSWR>1$，说明输进天线的功率有一部分被反射回来，从而降低了天线的辐射功率，增大了馈线的损耗。7/8 " 电缆损耗 4dB/100m，是在 $VSWR=1$（全匹配）情况下测的；有了反射功率，就增大了能量损耗，从而降低了馈线向天线的输入功率。

十、旁瓣抑制与零点填充

由于天线一般要架设在铁塔或楼顶高处来覆盖服务区，所以应尽量抑制垂直面向上的旁瓣，尤其是较大的第一副瓣，以减少不必要的能量浪费，同时要加强对垂直面向下旁瓣零点的补偿，使这一区域的方向图零深较浅，以改善对基站近区的覆盖，减少近区覆盖死区和盲点，确保对服务区的良好覆盖，严格地说，不具备旁瓣抑制与零点填充特性的天线是不能使用的。

十一、三阶互调

多数国外品牌天线的三阶互调指标可达到-150dBC@2×43dBm。而一般天线的三阶互调指标仅为-130dBC@2×43dBm，这与天线的设计和连接器的选取有关。由于基站接收信号比发射信号弱得多，所以一旦多路载频的发射信号交调产物落入接收频段，基站将无法正常工作。

十二、端口间隔离度

当使用多端口天线时，各个端口之间的隔离度应大于 30dB。例如，双极化天线的两个不同极化端口、室外双频天线的两个不同频段端口之间，以及双频双极化天线的 4 个端口之间，隔离度应大于 30dB。

任务5   LTE 天线选择

【本任务要求】

1. 识记：市区基站天线选择、郊区农村基站天线选择、公路覆盖基站天线选择、山区覆盖基站天线选择。

2. 领会：LTE 天线选型建议。

一、市区基站天线选择

应用环境特点：基站分布较密，要求单基站覆盖范围小，希望尽量减少越区覆盖的现象，减少基站之间的干扰，提高下载速率。

天线选用原则有下面几点。

极化方式选择：市区基站站址选择困难，天线安装空间受限，因此建议选用双极化天线和宽频天线。

方向图的选择：在市区主要考虑提高频率复用度，因此一般选用定向天线。

半功率波束宽度的选择：为了能更好地控制小区的覆盖范围来抑制干扰，市区天线水平半功率波束宽度选 60°～65°。

天线增益的选择：由于市区基站一般不要求大范围的覆盖距离，因此建议选用中等增益的天线。建议市区天线增益选用 15～18dBi 增益的天线。若市区内用作补盲的微蜂窝天线可选择增益更低的天线。

下倾角选择：由于市区的天线倾角调整相对频繁，且有的天线需要设置较大的倾角，而机械下倾不利于干扰控制，所以建议选用预置下倾角天线。可以选择具有固定电下倾角的天线，条件满足时也可以选择电调天线。

二、郊区农村基站天线选择

应用环境特点：基站分布稀疏，业务量较小，对数据业务要求比较低，要求广覆盖。有的地方周围只有一个基站，覆盖成为最为关注的对象，这时应结合基站周围需覆盖的区域来考虑天线的选型。

天线选用原则有下面几点。

方向图选择：如果要求基站覆盖周围的区域，且没有明显的方向性，基站周围话务分布比较分散，则建议采用全向基站覆盖。需要注意的是：全向基站由于增益小，覆盖距离不如定向基站远。全向天线在安装时要注意塔体对覆盖的影响，并且天线一定要与地平面保持垂直。如果局方对基站的覆盖距离有更远的覆盖要求，则需要用定向天线来实现。一般情况下，应当采用水平面半功率波束宽度为 90°、105°、120°的定向天线。

天线增益的选择：视覆盖要求选择天线增益，建议在郊区农村地区选择较高增益（16～18dBi）的定向天线或 9～11dBi 的全向天线。

下倾方式的选择：郊区农村地区对天线的下倾调整不多，其下倾角的调整范围及特性要求不高，建议选用机械下倾天线；同时，天线挂高在 50m 以上且近端有覆盖要求时，可以优先选用零点填充的天线来避免塔下黑问题。

三、公路覆盖基站天线选择

应用环境特点：该环境下业务量低、用户高速移动，此时重点解决的是覆盖问题。一般来说该环境下要实现的是带状覆盖，故公路的覆盖多采用双向小区。在穿过城镇、旅游点的地区也综合采用全向小区。再就是强调广覆盖，要结合站址及站型的选择来决定采用的天线类型。不同的公路环境差别很大，一般来说较为平直的公路，如高速公路、铁路、国道、省道，等等，推荐在公路旁建站，采用 S1/1/1 或 S1/1 站型，配以高增益定向天线实现覆盖。蜿蜒起伏的公路，如盘山公路、县级自建的山区公路，等等，要结合在公路附近的乡村覆盖，选择高处建站。

在初始规划进行天线选型时，应尽量选择覆盖距离广的高增益天线进行广覆盖。

天线选用原则有下面几点。

方向图的选择：以覆盖铁路、公路沿线为目标的基站，可以采用窄波束高增益的定向天线。可根据布站点的道路局部地形起伏和拐弯等因素来灵活选择天线形式；

天线增益的选择，定向天线增益可选 17～22dBi 的天线，全向天线的增益选择 11dBi。

下倾方式的选择：公路覆盖一般不设下倾角，建议选用价格较便宜的机械下倾天线，在 50m 以上且近端有覆盖要求时，可以优先选用零点填充（大于 15%）的天线来解决塔下黑问题。

前后比：由于公路覆盖的大多数用户都是快速移动用户，所以为保证切换的正常进行，定向天线的前后比不宜太高。

四、山区覆盖基站天线选择

应用环境特点：在偏远的丘陵山区，山体阻挡严重，电波的传播衰落较大，覆盖难度大。通常为广覆盖，在基站很广的覆盖半径内分布零散用户，业务量较小。基站建在山顶上、山腰间、山脚下或山区里的合适位置。需要根据不同的用户分布、地形特点来进行基站选址、选型、选择天线。以下这几种情况比较常见的：盆地型山区建站、高山上建站、半山腰建站、普通山区建站等。

天线选用原则有下面几点。

方向图的选择：视基站的位置、站型及周边覆盖需求来选择方向图，可以选择全向天线或定向天线。对于建在山上的基站，若需要覆盖的地方位置相对较低，则应选择垂直半功率角较大的方向图，以更好地满足垂直方向的覆盖要求。

天线增益选择：视需覆盖区域的远近选择中等天线增益、全向天线（9～11dBi）、定向天线（15～18dBi）。

倾角选择：在山上建站，需覆盖的地方在山下时，要选用具有零点填充或预置下倾角的天线。预置下倾角的大小视基站与需覆盖地方的相对高度来选择，相对高度越大也就应选择预置下倾角更大一些的天线。

五、LTE 天线选型建议

根据以上的选择，结合 LTE 的特殊情况，建议的天线选型原则如表 4.5 所示。

表 4.5　　　　　　　　　　　　　　　　　　　　天线选型原则

明细表　　　　地物类型	市　区	郊　区	公　路	山　区
天线挂高（m）	20～30	30～40	>40	>40
天线增益（dBi）	15～18	18	>18	15-18
水平波瓣角	60°～65°	90°\105° 120°	根据实际情况	根据实际情况
机械下倾	N	N	Y	Y
电子下倾	Y	Y	N	N
极化方式	双极化	双极化	单极化	单极化
发射天线个数	1、2	1、2	2	2
是否采用宽频天线	可以	可以	可以	可以

一般情况下，LTE 的站址选择均利用现有的设施，因此是否有足够空间来安装 LTE 天线和高度、是否满足 LTE 规划是面临的最大问题。因此实际工程采用哪种极化方式、是否采用宽频天线、下倾角方式等技术参数，需要对现有设施进行详细勘查后，根据实际情况进行合理规划。

由于 LTE 存在 MIMO 技术，目前常用的天线使用场景包括 2T2R 和 4T4R 情况。考虑到建站成本等因素，对于 2T2R 情况，一般采用双极化天线；对于 4T4R 情况，一般采用 2 个双极化天线，天线之间的距离为 1～2λ 即可，对应 2.6G 为 30～50cm。

任务6　天线的工程安装调试

【本任务要求】

1. 识记：抱杆天线安装、 分集接收、天线隔离、铁塔天线安装。
2. 领会：防雷设计。

一、抱杆天线安装

由于抱杆本身弯曲或抱杆安装问题造成抱杆倾斜，会直接影响定向天线的下倾角准确性和全向天线的接收效果。

因此，首先要确保安装天线的抱杆正直，可以使用线锤检查，这样才能保证全向天线安装后垂直于地面。定向天线的下倾角必须使用倾角测试仪来测量，机械下倾应该包含抱杆工程上倾斜和弯曲情况。

在网络规划和优化过程中，抱杆是否正直对网络性能有巨大的影响，但常常被忽略，对天线安装是否正直做细致的检查。

二、防雷设计

为避免基站，特别是高山站天线系统引入的雷害，达到确保基站构筑物、工作人员的安全，以及站内通信设备的安全和正常工作。天线安装必须考虑防雷措施。

完整的防雷装置必须考虑以下几点。

（1）设计接闪器，其目的是控制雷击点，避免发生危险的部位。

（2）有良好的接地结构和接地电阻值。

（3）设计选型良好的引下线。

（4）做好等电位连接，防止高电压反击。

（5）防止引入雷电高电压浪涌。

射频天线安装在避雷针 45°保护角范围内。避雷针与引下线应可靠焊接连通，引下线材料为 40mm×4mm 镀锌扁钢。引下线在地网上连接点与接地引入线在地网上连接之间的距离宜不小于 10m。

三、分集接收

在移动通信中，由于多径传输使信号产生快衰落，衰落电平变化幅度可达 30dB，每秒近 20 次，天线分集技术能够大大降低接收信号的衰落程度，提高链路质量。天线空间间距的确定原则是确保各天线分支不相关或近似不相关衰落。利用各分支信号的互相关系数来度量信号间的独立性，接收信号的相关系数要小于 0.7。天线水平分集距离如表 4.6 所示。

表 4.6　　　　　　　　　　　　　天线水平分集距离

工作频率	水平空间分集距离		垂直空间分集距离	
	最　小　值	推　荐　值	最　小　值	推　荐　值
450MHz	6.7m	13m	5m	10m
800MHz	3.6m	7m	2.7m	5.4m
1.9GHz	1.6m	3.m	1.2m	2.4m
2GHz	1.5m	3m	1.2m	2.3m

对于单极化天线而言，基站需要的水平分集距离为 20^λ，垂直空间要求分集距离约为 15^λ。在保持基站天线间距不变的情况下，增加基站天线高度可以减小各天线接收信号的相关性。水平空间分集的分集增益约为 3～5dB，垂直空间分集的增益约为 2～4dB。水平空间分集的性能好于垂直空间分集。在实际工程中，为了实施上的需要，同一扇区两个单极化天线的水平分集距离最小取值不小于 10^λ。

双极化天线分集利用在同一地点两个极化方向相互正交的天线发出的信号可以呈现不相关的衰落特性进行分集接收，即在收发端天线上安装±45°极化天线，就可以把得到的两路衰落特性不相关的信号进行极化分集。

极化分集天线使用正交极化天线来获得独立的衰落信号，因此不需要空间分集。在市区基站安装满足空间分集距离要求的天线比较困难，极化分集方式就成为重要选择。

测量两单极化天线的距离是以天线朝向平行线之间的垂直距离，注意并非是两天线的连线距离；双极化天线不用测。

四、天线隔离

同系统天线隔离，是指同一系统不同扇区天线隔离距离大于 0.6m。在实际工程中，支臂架上安装 1m 左右的天线抱杆支臂。天线就安装在天线抱杆上，如图 4.25 所示。

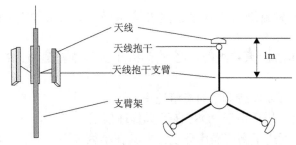

图 4.25　天线立体图及俯视图

五、铁塔天线安装

在实际工程实施中，利用离开铁塔平台距离>1m 的支臂来架设天线，不同平台天线垂直间距>1m。

总地来说，在铁塔上安装天线应注意以下几个问题。

定向天线塔侧安装：为减少天线铁塔对天线方向性图的影响，定向天线的中心至铁塔的距离为 λ/4 或 3λ/4 时，可获得塔外的最大方向性。

全向天线塔侧安装：为减少天线铁塔对天线方向性图的影响，原则上天线铁塔不能成为天线的反射器。因此在安装中，天线总应安装于棱角上，且使天线与铁塔任一部位的最近距离大于 λ。

多天线共塔：要尽量减少不同网收发信天线之间的耦合作用和相互影响，设法增大天线相互之间的隔离度，最好的办法是增大相互之间的距离。天线共塔时，应优先采用垂直安装。

总的安装要求如下。

离开铁塔平台距离>1m

天线间距：

（1）同一小区分集接收天线>3m。

（2）全向天线水平间距>4m。

（3）定向天线水平间距>2.5m。

（4）不同平台天线垂直间距>1m。

收发天线除说明书特别指明外，均不可倒置安置。

天线必须处于避雷针保护范围内。

天线方位角：对于定向天线，第一扇区北偏东 60°，第二扇区正南方向，第三扇区北偏西 60°。

天线下倾角：保证天线实际下倾角符合设计要求，误差小于 2°。

天线垂直度：除有天线倾角的基站外，保证天线的垂直度误差不大于 2°。

 过关训练

一、判断题

1. 射频天线安装在避雷针 45°保护角范围内。　　　　　　　　　　　（　　）

2．波束赋形是在发射端将待发射数据矢量加权，形成某种方向图后发送到接收端。

                                  （   ）

3．如果采用 TD-LTE 系统组网，必须采用 8 天线规模建网，2 天线不能独立建网。

                                  （   ）

4．采用空间分集可以提高用户的峰值速率。   （   ）

5．7 种 MIMO 模式均适用于 PDSCH 下行物理信道。   （   ）

6．闭环空间复用适用于高信噪比环境，尤其在小区中心。   （   ）

二、不定项选择题

1．MIMO 天线可以起（   ）作用。

A．收发分集   B．空间复用   C．赋形抗干扰   D．用户定位

2．TM3 适用于（   ）应用场景。

A．小区边缘   B．小区中部   C．业务带宽高   D．移动速度低

E．移动速度高

3．信道 PDSCH 可采用的天线方式有（   ）。

A．TM2   B．TM3   C．TM4   D．TM7

4．LTE 下行没有采用（   ）多天线技术。

A．SFBC   B．FSTD   C．波束赋形   D．TSTD

5．空分复用的优点有（   ）。

A．不改变现有的分布式天线结构，仅在信号源接入方式发生变化

B．施工方便

C．系统容量可以提升

D．用户信噪比可以得到提升

6．TD-LTE 室内覆盖面临的挑战有（   ）。

A．覆盖场景复杂多样

B．信号频段较高，覆盖能力差

C．双流模式对室分系统工程改造要求较高

D．与 WLAN 系统存在复杂的互干扰问题

7．LTE 组网，可以采用同频也可以采用异频，以下说法错误的有（   ）。

A．10M 同频组网相对于 3*10M 异频组网可以更有效地利用资源，提升频谱效率

B．10M 同频组网相对于 3*10M 异频组网可以提升边缘用户速率

C．10M 同频组网相对于 3*10M 异频组网，小区间干扰更明显

D．10M 同频组网相对于 3*10M 异频组网，干扰抑制更加容易

8．LTE 传输分集的候选技术包括（   ）。

A．空时编码   B．循环延时分集

C．天线切换分集技术   D．空频块码

9．MIMO 模式中，分集与复用之间的切换主要取决于（   ）。

A．接收信噪比   B．信道相关性   C．RSRP   D．天线个数

三、填空题

1．链路预算包括上下链路的发射机的各项＿＿＿＿＿＿＿和损耗、接收机的各项＿＿＿＿＿＿＿，以及各项增益和＿＿＿＿＿＿＿。

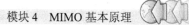

2．PDSCH 信道的 TM3 模式在信道质量好时为_____，信道质量差时回落到_____。

3．假定小区输出总功率为 46dBm，在 2 天线时，单天线功率是_____。

4．_____是指多个终端同时使用相同的时频资源块进行上行传输。

5．MIMO 系统在发射端和接收端均采用_____和_____，MIMO 的多入多出是针对多径无线信道来说的。

四、简答题

1．简述 MIMO 技术的 3 种应用模式，及其分别的应用场景。

2．发射分集技术有哪些？

3．7 种 MIMO 模式的特点分别是什么？

4．天线有哪些重要技术参数？

5．市区基站天线选择应注意哪些方面？

LTE 基站设备

【本模块问题引入】中兴通讯（ZTE）的 eNodeB 采用 eBBU（基带单元）加上 eRRU（远端射频单元）分布式基站解决方案，两者配合共同完成 LTE 基站业务功能。本模块通过介绍 LTE 基站系统结构、基站工作原理、基站单板、操作维护、组网与单板维护、基站技术指标等知识，为后续的基站开通与维护的学习打下良好的基础。

【本模块内容简介】LTE 基站系统结构、基站工作原理、基站单板、操作维护、组网与单板维护、基站技术指标。

【本模块重点难点】基站工作原理、基站单板、组网与单板维护、基站技术指标。

【本课程模块要求】

1. 识记：ZTE 分布式基站解决方案、B8300 在网络中的位置、B8300 产品特点、系统硬件结构、系统业务信号流向、系统控制信号流向、时钟信号流向、单板外观、功能和接口、维护功能、单板配置说明、供电指标、接地指标、温湿度指标、接口指标

2. 领会：B8300 产品外观、B8300 产品功能、系统软件结构、协议处理、操作维护系统、典型组网模型、物理指标、容量指标、功耗指标、可靠性指标、电磁兼容性指标。

任务1　LTE 基站系统概述

【本任务要求】

1. 识记：ZTE 分布式基站解决方案、B8300 在网络中的位置、B8300 产品特点。

2. 领会：B8300 产品外观、B8300 产品功能、整机外观。

一、ZTE 分布式基站解决方案

ZTE 采用 eBBU（基带单元）+eRRU（远端射频单元）分布式基站解决方案，两者配合共同完成 LTE 基站业务功能。

ZTE 分布式基站解决方案示意图如图 5.1 所示。

ZTE LTE eBBU+eRRU 分布式基站解决方案具有以下优势。

1. 建网人工费用和工程实施费用大大降低

eBBU+eRRU 分布式基站设备体积小、重量轻，易于运输和工程安装。

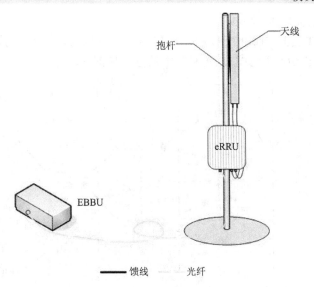

图 5.1 ZTE 分布式基站解决方案示意图

2．建网快，费用省

eBBU+eRRU 分布式基站适合在各种场景安装，可以上铁塔，置于楼顶、壁挂等，站点选择灵活，不受机房空间限制。可帮助运营商快速部署网络，发挥 Time-To-Market 的优势，节约机房租赁费用和网络运营成本。

3．升级扩容方便，节约网络初期的成本

eRRU 可以尽可能地靠近天线安装，节约馈缆成本，减少馈线损耗，提高 eRRU 机顶输出功率，增加覆盖面。

4．功耗低，用电省

相对于传统的基站，eBBU+eRRU 分布式基站功耗更小，可降低在电源上的投资及用电费用，节约网络运营成本。

5．分布式组网，可有效利用运营商的网络资源

支持基带和射频之间的星形、链形组网模式。

6．采用更具前瞻性的通用化基站平台

eBBU 采用面向未来 B3G 和 4G 设计的平台，同一个硬件平台能够实现不同的标准制式，多种标准制式能够共存于同一个基站。这样可以简化运营商管理，把需要投资的多种基站合并为一种基站（多模基站），使运营商能更灵活地选择未来网络的演进方向，终端用户也将感受到网络的透明性和平滑演进。

二、在网络中的位置

ZXSDR B8300 TL200 实现 eNodeB 的基带单元功能，与射频单元 eRRU 通过基带-射频

光纤接口连接，构成完整的 eNodeB。

ZXSDR B8300 TL200 与 EPC 通过 S1 接口连接，与其他 eNodeB 间通过 X2 接口连接。

ZXSDR B8300 TL200（eBBU）在网络中的位置如图 5.2 所示。

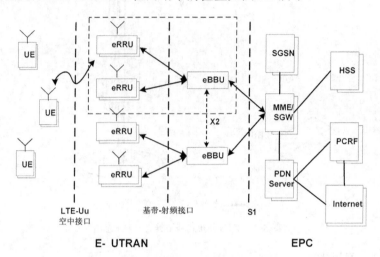

图 5.2　ZXSDR B8300 TL200 在网络中的位置

三、产品特点

ZXSDR B8300 TL200 具有以下特点：

（1）容量大

ZXSDR B8300 TL200 支持多种配置方案，其中每一块 BPL 可支持 3 个 2 天线 20MHz 小区，或者一个 8 天线 20MHz 小区。上下行速率最高分别可达 150Mbit/s 和 300Mbit/s。

（2）技术成熟，性能稳定

ZXSDR B8300 TL200 采用 ZTE 统一 SDR（软件定义的无线电）平台，该平台广泛应用于 CDMA、GSM、UMTS、TD-SCDMA 和 LTE 等大规模商用项目，技术成熟，性能稳定。

（3）支持多种标准，平滑演进

ZXSDR B8300 TL200 支持包括 GSM、UMTS、CDMA、WiMAX、TD-SCDMA、LTE 在内的多种标准，满足运营商灵活组网和平滑演进的需求。

（4）设计紧凑，部署方便

ZXSDR B8300 TL200 采用标准 MicroTCA（电信运算架构）平台，体积小，设计深度仅 197mm，可以独立安装和挂墙安装，节省机房空间，减少运营成本。

（5）全 IP 架构

ZXSDR B8300 TL200 采用 IP 交换，提供 GE/FE 外部接口，适应当前各种传输场合，满足各种环境条件下的组网要求。

四、产品外观

ZXSDR B8300 TL200 采用 19 英寸标准机箱，产品外观如图 5.3 所示。

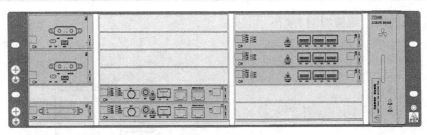

图 5.3　产品外观

五、产品功能

ZXSDR B8300 TL200 作为多模 eBBU，主要提供 S1 和 X2 接口、时钟同步、eBBU 级联接口、基带射频接口、OMC（操作维护中心）/LMT（本地维护终端）接口、环境监控等接口，实现业务及通信数据的交换、操作维护功能。

ZXSDR B8300 TL200 的主要功能如下。

（1）系统通过 S1 接口与 EPC 相连，完成 UE 请求业务的建立，完成 UE 在不同 eNodeB 间的切换。

（2）eBBU 与 eRRU 之间通过标准 OBRI（开放基带射频接口）/Ir 接口连接，与 eRRU 系统配合通过空中接口完成 UE 的接入和无线链路传输功能。

（3）数据流的 IP 头压缩和加解密。

（4）无线资源管理：无线承载控制、无线接入控制、移动性管理、动态资源管理。

（5）UE 附着时的 MME 选择。

（6）路由用户面数据到 SGW。

（7）寻呼消息调度与传输。

（8）移动性及调度过程中的测量与测量报告。

（9）PDCP\RLC\MAC\ULPHY\DLPHY 数据处理。

（10）通过后台网管（OMC/LMT）提供操作维护功能：配置管理、告警管理、性能管理、版本管理、前后台通信管理、诊断管理。

（11）提供集中、统一的环境监控，支持透明通道传输。

（12）支持所有单板、模块带电插拔；支持远程维护、检测、故障恢复、远程软件下载。

（13）充分考虑 TD-SCDMA、TD-LTE 双模需求。

任务2　基站系统结构

【本任务要求】

1. 识记：系统硬件结构。

2. 领会：系统软件结构。

一、系统硬件结构

ZXSDR B8300 TL200 的硬件架构基于标准 MicroTCA 平台，为 19 英寸宽、3U 高的紧

凑式机箱，系统硬件结构如图 5.4 所示。

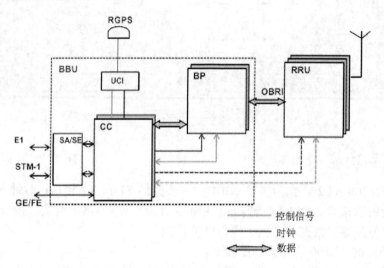

图 5.4　系统硬件结构

ZXSDR B8300 TL200 的功能模块包括：控制与时钟板（CC）、基带处理板（BPL）、环境告警板（SA）、环境告警扩展板（SE）、电源模块（PM）和风扇模块（FA）。

（1）控制与时钟板（CC）

支持主备倒换功能。提供全球定位系统（Global Positioning System，GPS）时钟和射频（Radio Frequency，RF）参考时钟。

支持一个 GE 以太网接口（光口、电口二选一）。

GE 以太网交换，提供信令流和媒体流交换平面。

机框管理功能。

时钟扩展接口（IEEE1588）。

通信扩展接口（OMC、DEBUG 和 GE 级联网口）。

（2）基带处理板（BPL）

提供 eRRU 级联接口。

实现用户面处理和物理层处理，包括 PDCP、RLC、MAC、PHY 等。

支持智能平台管理接口（IPMI）管理。

（3）环境告警板（SA）

支持风扇监控及转速控制。

通过 IPMB-0 总线与 CC 通信。

为外挂的监控设备提供扩展的全双工 RS232 与 RS485 通信通道。

提供 6 路输入干结点和 2 路双向干结点。

（4）环境告警扩展模块（SE）

上电，并可进行版本维护。

集成了外接温度传感器、红外传感器、门禁传感器、水淹传感器、烟雾传感器和扩展的开关量接口。

通过串口和 CC 通信。

（5）电源模块（PM）

输入过压、欠压测量和保护功能。

输出过流保护和负载电源管理功能。

（6）风扇模块（FA）

根据温度自动调节风扇速度。

监控并报告风扇状态。

二、系统软件结构

ZXSDR B8300 TL200 软件系统可以划分为三层：应用软件（Application Software）层、平台软件（Platform Software）层、硬件（Hard Ware）层，如图 5.5 所示。

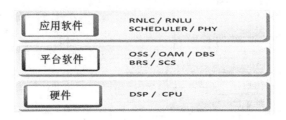

图 5.5　系统软件结构

软件系统各部分功能如下：

（1）应用层

无线网络层控制面 RNLC（Radio Network Layer Control Plane）：提供无线控制面的资源管理。

无线网络层用户面 RNLU（Radio Network Layer User Plane）：提供用户面功能。

调度层 SCHEDULER：包括上行 MAC 调度 MULSD（MAC Uplink Scheduler）和下行 MAC 调度 MDLSD（MAC Downlink Scheduler）。

物理层 PHY（Physical Layer）：提供 LTE 物理层功能。

（2）平台软件层

软件运行支撑子系统 OSS（Operation Support Sub-system）：包括二次调度、定时器、内存管理功能、系统平台级监控、监控告警和日志等功能。

操作维护子系统 OAM（Operating And Maintainance）：提供配置、告警和性能管理等功能。

数据子系统 DBS（Database Sub-system）：提供数据管理功能。

承载子系统 BRS（Bearer Sub-system）：提供单板间或者网元间的 IP 网络通信。

系统管理子系统 SCS（System Control Sub-system）：提供系统管理功能，包括系统上电控制、倒换控制、插箱管理、设备运行等控制等。

（3）硬件层

提供 DSP 和 CPU 支撑平台。

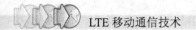

任务3 基站工作原理

【本任务要求】

1. 识记：系统业务信号流向、系统控制信号流向、时钟信号流向。
2. 领会：协议处理。

一、协议处理

1. 控制面协议

控制面协议栈如图 5.6 所示。

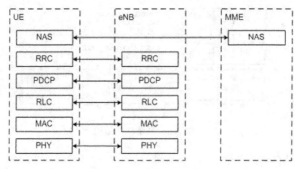

图 5.6 控制面协议栈

控制面包括 PDCP 子层、RLC 和 MAC 子层、RRC 和 NAS 子层。

（1）PDCP 子层功能

头压缩与解压缩。

用户数据传输。

在 RLC AM 模式下，PDCP 重建过程中对上层 PDU 的顺序传送。

在 RLC AM 模式下，PDCP 重建过程中对下层 SDU 的重复检测。

在 RLC AM 模式下，切换过程中 PDCP SDU 的重传。

加密/解密。

基于定时器的 SDU 丢弃功能。

加密和完整性保护。

控制面数据传输。

（2）RLC 子层功能

上层 PDU 传输。

RLC 业务数据单元的级联、分组和重建。

RLC 数据 PDU 的重新分段。

上层 PDU 的顺序传送。

重复检测。

协议错误检测及恢复。

RLC SDU 的丢弃。

RLC 重建。

（3）MAC 子层功能。

逻辑信道和传输信道之间的映射。

MAC 业务数据单元的复用/解复用。

调度信息上报。

通过 HARQ 纠正错误。

同一个 UE 不同逻辑信道之间的优先级管理。

通过动态调度进行的 UE 之间的优先级管理。

传输格式选择。

填充。

（4）RRC 子层

NAS 层相关的系统信息广播。

AS 层相关的系统信息广播。

寻呼。

UE 和 E-UTRAN 间的 RRC 连接建立、保持和释放。

包括密钥管理在内的安全管理。

建立、配置、保持和释放点对点 RB。

移动性管理。

QoS 管理。

MBMS 业务通知。

UE 测量上报及上报控制。

NAS 直传消息传输。

（5）NAS 子层

EPS 控制管理。

认证。

ECM-IDLE 移动性处理。

ECM-IDLE 下的起呼。

安全控制。

2．用户面协议

用户面协议栈如图 5.7 所示。

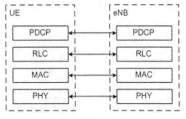

图 5.7　用户面协议栈

用户面协议栈包括三个子层。

（1）PDCP 子层

头压缩与解压缩。

用户数据传输。

在 RLC AM 模式下，PDCP 重建过程中对上层 PDU 的顺序传送。

在 RLC AM 模式下，PDCP 重建过程中对下层 SDU 的重复检测。

在 RLC AM 模式下，切换过程中 PDCP SDU 的重传。

加密/解密。

基于定时器的 SDU 丢弃功能。

（2）RLC 子层

上层 PDU 传输。

RLC 业务数据单元的级联、分组和重建。

RLC 数据 PDU 的重新分段。

上层 PDU 的顺序传送。

重复检测。

协议错误检测及恢复。

RLC SDU 的丢弃。

RLC 重建。

（3）MAC 子层

逻辑信道和传输信道之间的映射。

MAC 业务数据单元的复用/解复用。

调度信息上报。

通过 HARQ 进行错误纠正。

同一个 UE 不同逻辑信道之间的优先级管理。

通过动态调度进行的 UE 之间的优先级管理。

传输格式选择。

填充。

二、系统业务信号流向

eNodeB 侧协议分为用户面协议和控制面协议，系统业务信号经过用户面协议处理后到达 SGW。

系统业务信号流向示意图如图 5.8 所示。

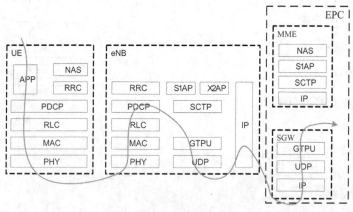

图 5.8　系统业务信号流向示意图

UE 侧数据经过 PDCP 协议对下行数据信头进行压缩和加密，经 RLC 协议对数据分段、MAC 复用、PHY 编码和调制后，eNodeB 侧对接收到的数据进行反向操作，最后经

GTPU/UDP 协议与 SGW 交互，完成系统上行业务数据处理流程。下行处理流程执行与上行相反的操作过程。

三、系统控制信号流向

eNodeB 侧协议分为用户面协议和控制面协议，系统控制信号经过控制面协议处理后到达 MME。

系统控制信号流向示意图如图 5.9 所示。

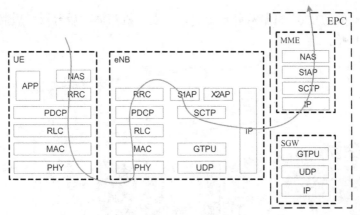

图 5.9　系统控制信号流向示意图

当 UE 侧上层需要建立 RRC 连接时，UE 启动 RRC 连接建立过程，PDCP 协议对控制信令进行信头压缩和加密，经 RLC 协议对数据分段、MAC 复用、PHY 编码和调制后，eNodeB 侧对接收到的控制信令进行反向操作，经 S1AP/SCTP 协议与 MME 交互，完成系统控制信令处理流程。

四、时钟信号流

CC 板负责将系统时钟信号分发到其他单板，并通过基带传输光纤发送到 eRRU 设备。时钟信号流如图 5.10 所示。

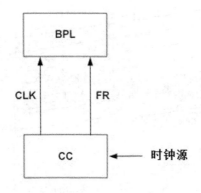

图 5.10　时钟信号流

任务 4　基站单板

【本任务要求】

1. 识记：单板外观、功能和接口。
2. 领会：整机外观。

一、机箱外观结构

ZXSDR B8300 TL200 机箱从外形上看，主要由机箱体、后背板、后盖板组成，机箱外部结构如图 5.11 所示。

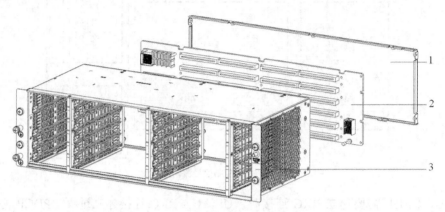

1—后盖板 2—背板 3—机箱体

图 5.11　机箱外部结构 1

ZXSDR B8300 TL200 机箱由电源模块 PM、机框、风扇插箱 FA、基带处理模块 BPL、控制和时钟模块 CC、现场监控模块 SA 等组成。模块及其典型位置如图 5.12 所示。

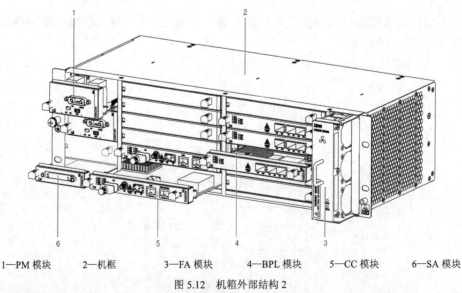

1—PM 模块　　2—机框　　3—FA 模块　　4—BPL 模块　　5—CC 模块　　6—SA 模块

图 5.12　机箱外部结构 2

二、单板

ZXSDR B8300 TL200 是基于 MicroTCA 架构设计的新一代基带单元。MicroTCA（也称为 μTCA）架构是先进的电信计算平台（Advanced Telecom Computing Architecture，ATCA）的补充规范。MicroTCA 架构相对 ATCA 而言，具有体积小、成本低、灵活性高等优点，因而适用于基站侧设备。

ZXSDR B8300 TL200 单板分为以下 6 种类型。

（1）控制与时钟模块 CC。

（2）基带处理模块 BPL。

（3）现场告警模块 SA。

（4）现场告警扩展模块 SE。

（5）风扇模块 FA。

（6）电源模块 PM。

三、控制与时钟单板 CC

1．功能

CC 单板提供以下功能。

（1）主备倒换功能。

（2）支持 GPS、bits 时钟、线路时钟，提供系统时钟。

（3）GE 以太网交换，提供信令流和媒体流交换平面。

（4）提供与 GPS 接收机的串口通信功能。

（5）支持机框管理功能。

（6）支持时钟级联功能。

（7）支持配置外置接收机功能。

2．面板

CC 单板外观如图 5.13 所示。

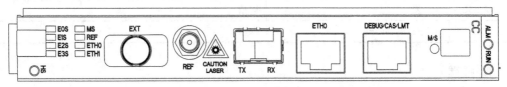

图 5.13　CC 单板外观

CC 单板接口说明如表 5.1 所示。

表 5.1　　　　　　　　　　　　　CC 单板接口说明

接 口 名 称	说　　明
ETH0	S1/X2 接口、GE/FE 自适应电接口
DEBUG/CAS/LMT	级联，调试或本地维护，GE/FE 自适应电接口

续表

接 口 名 称	说 明
TX/RX	S1/X2 接口、GE/FE 光接口（ETH0 和 TX/RX 接口互斥使用）
EXT	外置通信口，连接外置接收机，主要是 RS485、PP1S+/2M+接口
REF	外接 GPS 天线

3. 指示灯

CC 单板指示灯如表 5.2 所示。

表 5.2　　　　　　　　　　　　　CC 单板指示灯说明

指 示 灯	颜 色	含 义	说 明
RUN	绿	运行指示灯	常亮：单板处于复位状态 1Hz 闪烁：单板运行，状态正常 灭：自检失败
ALM	红	告警指示灯	亮：单板有告警 灭：单板无告警
MS	绿	主备状态指示灯	亮：单板处于主用状态 灭：单板处于备用状态
REF	绿	GPS 天线状态	常亮：天馈正常 常灭：天馈正常，GPS 模块正在初始化 1Hz 慢闪：天馈断路 2Hz 快闪：天馈正常，但收不到卫星信号 0.5Hz 极慢闪：天馈断路 5Hz 极快闪：初始未收到电文
ETH0	绿	Iub 口链路状态	亮：S1/X2/OMC 的网口、电口或光口物理链路正常 灭：S1/X2/OMC 的网口的物理链路断
ETH1	绿	Debug 接口链路状态	亮：网口物理链路正常 灭：网口物理链路断
E0S ~ E3S	关	—	保留
HS	关	—	保留

4. 按键

CC 单板上的按键说明如表 5.3 所示。

表 5.3　　　　　　　　　　　　　CC 单板按键说明

按 键	说 明
M/S	主备倒换开关
RST	复位开关

四、基带处理板 BPL

1. 功能

BPL 单板提供以下功能。

（1）提供与 eRRU 的接口。

（2）用户面协议处理、物理层协议处理，包括 PDCP、RLC、MAC、PHY。

（3）提供 IPMI 管理接口。

2. 面板

BPL 单板外观如图 5.14 所示。

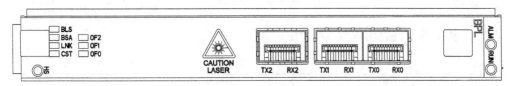

图 5.14 BPL 单板外观

BPL 单板接口说明如表 5.4 所示。

表 5.4 　　　　　　　　　　　　　　BPL 单板接口说明

接 口 名 称	说　　　明
TX0/RX0~TX2/RX2	2.4576G/4.9152G OBRI/Ir 光接口，用以连接 eRRU

3. 指示灯

BPL 单板指示灯如表 5.5 所示。

表 5.5 　　　　　　　　　　　　　　BPL 单板指示灯说明

指 示 灯	颜　色	含　　义	说　　　明
HS	关	—	保留
BLS	绿	背板链路状态指示	亮：背板 IQ 链路没有配置，或者所有链路状态正常 灭：存在至少一条背板 IQ 链路异常
BSA	绿	单板告警指示	亮：单板告警 灭：单板无告警
CST	绿	CPU 状态指示	亮：CPU 和 MMC 之间的通信正常 灭：CPU 和 MMC 之间的通信中断
RUN	绿	运行指示	常亮：单板处于复位态 1Hz 闪烁：单板运行，状态正常 灭：自检失败
ALM	红	告警指示	亮：告警 灭：正常

续表

指 示 灯	颜 色	含 义	说 明
LNK	绿	与 CC 单板联系的网口状态指示	亮：物理链路正常 灭：物理链路断
OF2	绿	光口 2 链路指示	亮：光信号正常 灭：光信号丢失
OF1	绿	光口 1 链路指示	亮：光信号正常 灭：光信号丢失
OF0	绿	光口 0 链路指示	亮：光信号正常 灭：光信号丢失

4．按键

BPL 单板上的按键说明如表 5.6 所示。

表 5.6   BPL 单板按键说明

按 键	说 明
RST	复位开关

五、现场告警板 SA

1．功能

SA 单板支持以下功能。

（1）风扇告警监控和转速控制。

（2）通过 UART 和 CC 单板通信。

（3）分别提供一个 RS485 和一个 RS232 全双工接口，用于监控外部设备。

（4）提供 6 个输入干接点接口，2 个输入/输出的干接点接口。

2．面板

SA 单板外观如图 5.15 所示。

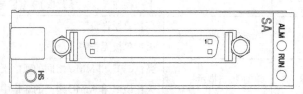

图 5.15　SA 单板外观

SA 单板接口说明如表 5.7 所示。

表 5.7   SA 单板接口说明

接口名称	说 明
—	RS485/232 接口、6+2 干接点接口（6 路输入，2 路双向）

3. 指示灯

SA 单板指示灯如表 5.8 所示。

表 5.8   SA 单板指示灯说明

指 示 灯	颜 色	含 义	说 明
HS	关	—	保留
RUN	绿	运行指示灯	常亮：单板处于复位状态 1Hz 闪烁：单板运行正常 灭：自检失败
ALM	红	告警指示灯	亮：单板有告警 灭：单板无告警

六、现场告警扩展板 SE

1. 功能

SE 单板支持 6 个输入干接点接口和 2 个输入/输出的干接点接口。

2. 面板

SE 单板外观如图 5.16 所示。

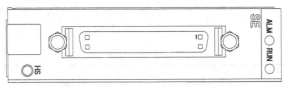

图 5.16   SE 单板外观

SE 单板接口说明如表 5.9 所示。

表 5.9   SE 单板接口说明

接 口 名 称	说 明
—	RS485/232 接口，6+2 干接点接口（6 路输入，2 路双向）

3. 指示灯

SE 单板指示灯说明如表 5.10 所示。

表 5.10   SE 单板指示灯说明

指 示 灯	颜 色	含 义	说 明
HS	关	—	保留
RUN	绿	运行指示灯	常亮：单板处于复位状态 1Hz 闪烁：单板运行正常 灭：自检失败

指 示 灯	颜 色	含 义	说 明
ALM	红	告警指示灯	亮：单板有告警 灭：单板无告警

七、风扇模 FA

1．功能

FA 单板有以下功能。

（1）风扇控制功能和接口。

（2）空气温度检测。

（3）风扇插箱的 LED 显示。

2．面板

FA 单板外观如图 5.17 所示。

3．指示灯

FA 单板指示灯说明如表 5.11 所示。

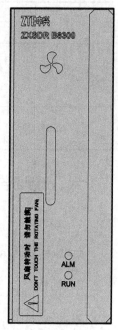

图 5.17　FA 单板外观

表 5.11　　　　　　　　　　　　　FA 单板指示灯说明

指 示 灯	颜 色	含 义	说 明
RUN	绿	运行指示灯	常亮：单板处于复位状态 1Hz 闪烁：单板运行正常 灭：自检失败
ALM	红	告警指示灯	亮：单板有告警 灭：单板无告警

八、电源板 PM

1．功能

PM 单板主要有以下功能。

（1）输入过压、欠压测量和保护功能。

（2）输出过流保护和负载电源管理功能。

2．面板

PM 单板外观如图 5.18 所示。

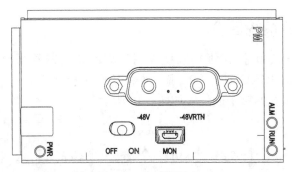

图 5.18　PM 单板外观

PM 单板接口说明如表 5.12 所示。

表 5.12　　　　　　　　　　　　　　PM 单板接口说明

接 口 名 称	说　　　明
MON	调试用接口，RS232 串口
–48V/–48VRTN	–48V 输入接口

3．指示灯

PM 单板指示灯说明如表 5.13 所示。

表 5.13　　　　　　　　　　　　PM 单板指示灯说明

指　示　灯	颜　　色	含　　义	说　　　明
RUN	绿	运行指示灯	常亮：单板处于复位状态 1Hz 闪烁：单板运行正常 灭：自检失败
ALM	红	告警指示灯	亮：单板有告警 灭：单板无告警

4．按键

PM 单板按键说明如表 5.14 所示。

表 5.14　　　　　　　　　　　　　PM 单板按键说明

按　　键	说　　　明
OFF/ON	PM 开关

任务5　操作维护

【本任务要求】

1．识记：维护功能。

2．领会：操作维护系统。

一、操作维护系统简介

ZXSDR B8300 TL200 操作维护系统采用中兴的统一网管平台 NetNumen™ M31。NetNumen™ M31 提供 3G/4G 或者 EPC 整体网络的操作和维护。

NetNumen™ M31 在网络中的位置如图 5.19 所示。

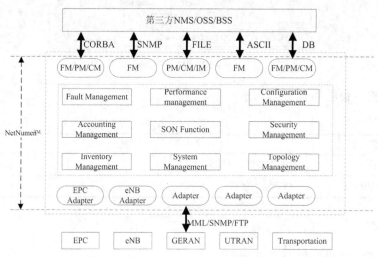

图 5.19 NetNumen™ M31 在网络中的位置

二、维护功能

NetNumen™ M31 提供了强大的功能，满足运营商的需求。

1．性能管理

（1）测量任务管理：提供专用工具测量用户需求的数据。

（2）QoS 任务管理：支持设置 QoS 任务，检测网络性能。

（3）性能数据管理。

（4）性能 KPI：支持添加、修改和删除性能 KPI 条目，查询 KPI 数据。

（5）性能图表分析。

（6）性能测量报告：性能测量报告以 Excel/PDF/HTML/TXT 等文档形式导出。

2．故障管理

（1）实时监测设备的工作状态。

（2）通知用户实时告警，如呈现在界面上的告警信息、普通告警的解决方案、告警声音和颜色。

（3）通过分析告警信息，定位告警原因，并解决。

3．配置管理

（1）添加、删除、修改、对比和浏览网元数据。

（2）上传和下载配置数据。

（3）对比配置数据。

（4）导入导出配置数据。

（5）审查配置数据。

（6）动态数据管理。

（7）时间同步。

4．日志管理

（1）安全日志：记录登录信息，如用户的登录与注销。

（2）操作日志：记录操作信息，如增加、删除网元，修改网元参数等。

（3）系统日志：同步网元的告警信息、数据备份等。

（4）NetNumen™ M31 记录用户的登录信息，操作命令和执行结果等，对已有的日志记录，提供了更进一步的操作功能。

（5）查询操作日志：提供操作日志搜索和查询功能。

（6）删除操作日志：提供基于日期和时间的日志删除功能。

（7）自动删除操作日志：超过用户自定义时间后，操作日志将被自动删除。

5．安全管理

安全管理提供登录认证和操作认证功能。安全管理可以保证用户合法地使用网管系统，安全管理为每一个特定用户分配了特定角色，用以提升安全性和可靠性。

任务 6 组网与单板配置

【本任务要求】

1．识记：单板配置说明。

2．领会：典型组网模型。

一、典型组网模型

1．星型组网

在 ZXSDR B8300 TL200 星型组网模型中，9 对光纤接口连接 9 个 eRRU。

星型组网模型如图 5.20 所示。

2．链型组网

在 ZXSDR B8300 TL200 的链型组网模型中，eRRU 通过光纤接口与 ZXSDR B8300 TL200 或者级联的 eRRU 相连，组网模型示意图如图 5.21 所示。ZXSDR B8300 TL200 支持最大 4 级 eRRU 的链型组网。链型组网方式适合于呈带状分布，用户密度较小的地区，可以大量节省传输设备。

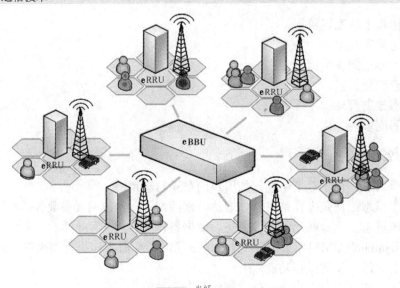

———— 光纤

图 5.20　星型组网模型

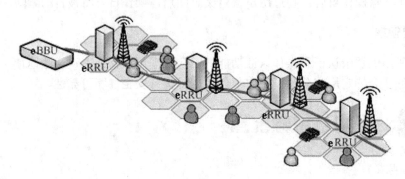

图 5.21　链型组网模型

二、单板配置说明

ZXSDR B8300 TL200 单板配置如表 5.15 所示。

表 5.15　　　　　　　　　　ZXSDR B8300 TL200 单板配置表

名　　称	说　　明	配 置 数 量		
		2 天线 1 扇区/2 天线 2 扇区/2 天线 3 扇区	8 天线 3 扇区	8 天线 3 扇区+2 天线 3 扇区
CC	控制和时钟板	1	2	2
BPL	基带处理板	1	3	4
SA	现场告警板	1	1	1
SE（选配）	现场告警扩展板	1	1	1
PM	电源模块	1	2	2
FA	风扇模块	1	1	1

任务 7　技术指标

【本任务要求】

1. 识记：供电指标、接地指标、温湿度指标、接口指标。
2. 领会：物理指标、容量指标、功耗指标、可靠性指标、电磁兼容性指标。

一、物理指标

外形尺寸：132.6mm×482.6mm×197mm（高×宽×深）。

重量：小于 9kg。

二、容量指标

ZXSDR B8300 TL200 支持多种配置方案，其中每一块 BPL 单板可支持 3 个 2 天线 20MHz 小区或一个 8 天线 20MHz 小区。最大可支持 300Mbit/s DL + 150Mbit/s UL 的上下行速率。

三、供电指标

ZXSDR B8300 TL200 正常工作的供电要求如下。

（1）48V DC：-57～-40V DC。

（2）220V AC（外置）：90～290V，50Hz：43～67Hz。

四、接地指标

ZXSDR B8300 TL200 设备安装机房接地电阻应≤5Ω，对于年雷暴日小于 20 日的少雷区，接地电阻应≤10Ω。

五、功耗指标

功耗指标如表 5.16 所示。

表 5.16　　　　　　　　　　功耗指标表

单　　板	数　　量	功耗（W）
BPL	1	45
CC	1	20
PM	1	54
SA	1	4

六、温湿度指标

温湿度指标如表 5.17 所示。

表 5.17　　　　　　　　　　　　　　温湿度指标表

项　　目		指　　标
环境温度	贮存	−55℃ ～ +70℃
	运输	−40℃ ～ +70℃
	室内运行	−5℃ ～ +55℃
环境湿度	贮存	10% ～ 100%
	室内运行	5% ～ 95%

七、接口指标

接口指标如表 5.18 所示。

表 5.18　　　　　　　　　　　　　　接口指标表

接　　口	描　　述
eBBU-eRRU	基带-射频接口，SFP（LC）
LMT	RJ-45
S1/X2	GE/FE，RJ-45 用于连接电口，SFP 用于连接光口
GPS	1xSMA
EXT ALM	1xRS485，6+2 干接点接口（6 路输入，2 路双向）

八、可靠性指标

可靠性指标如表 5.19 所示。

表 5.19　　　　　　　　　　　　　　可靠性指标表

项　　目	指　　标
MTBF（平均故障间隔时间）	≥170，000h
MTTR（平均恢复时间）	1h
可用率	0.99999
系统中断服务时间	≤3min/年

九、电磁兼容性指标

电磁兼容性指标如表 5.20 所示。

表 5.20　　　　　　　　　　　　　　电磁兼容性指标表

项　　目	指　　标
静电防护	可以对 ± 6 000V 的接触放电和 ± 8 000V 的空气放电有保护作用
抗干扰溢出	线路与地之间 ± 2 000V

过关训练

一、判断题

1. 目前 LTE 网络中，BPL 单板配置可以采用主备模式，也可以采用负荷分担模式。
（   ）

2. BPL 单板提供与 eRRU 的接口、用户面协议处理、物理层协议处理功能。（   ）

3. CC 单板可以主备配置。（   ）

4. SA 单板分别提供一个 RS485 和一个 RS232 全双工接口，用于监控外部设备。
（   ）

5. PM 单板有输入过压、欠压测量和保护功能。（   ）

6. ZXSDR B8300 TL200 设备安装机房接地电阻≤1Ω，对于年雷暴日小于 20 日的少雷区，接地电阻应≤5Ω。（   ）

二、不定项选择题

1. eNodeB 中负责物理层管理的是（   ）单板。

A. BPG   B. UPB   C. CC   D. SA

2. eNodeB 的 GPS 连接在（   ）单板上。

A. BPG   B. UPB   C. CC   D. SA

3. ZXSDR B8300 TL200 支持最大（   ）级 eRRU 的链型组网。

A. 1   B. 2   C. 3   D. 4

三、填空题

1. ZXSDR B8300 TL200 最多可以和_____个 RRU 星型组网。

2. ZXSDR B8300 TL200 支持最大_____级 RRU 的链型组网。

3. ZTE 采用_____加_____分布式基站解决方案，两者配合共同完成 LTE 基站业务功能。

4. ZXSDR B8300 TL200 正常工作的供电要求为_____DC。

5. ZXSDR B8300 TL200 设备安装机房接地电阻应≤_____，对于年雷暴日小于 20 日的少雷区，接地电阻应≤_____。

6. 基站设备环境温度在室内运行时，应该在_____之间。

四、简答题

1. eBBU+eRRU 分布式基站解决方案具有哪些优势？

2. eNodeB 具有哪些功能？

3. eNodeB 有哪些单板，其作用分别是什么？

4. 请画出 eNodeB 控制面协议栈的简图。

LTE 基站开通与维护

【本模块问题引入】中兴通讯（ZTE）LTE TDD&FDD 工程仿真教学软件以高仿真商用设备机房为背景，基于售后工程师工作内容设计，融合真实 LTE 站点工程、天馈、传输时钟、网管方案的要素，再现了中兴通讯 eNodeB 系列设备的组网、硬件结构、软硬件工程安装、开通调试等过程。本模块通过介绍 LTE 仿真软件、BS8700 开通场景、业务测试、故障处理等知识，以一个 TDD 模式开通场景作为案例，为后续走上工作岗位进行 LTE 基站系统的开通与维护打下良好的基础。

【本模块内容简介】LTE 仿真软件、BS8700 开通场景、业务测试、故障处理、操作案例。

【本模块重点难点】BS8700 开通场景及操作案例、业务测试、故障处理。

【本课程模块要求】

1. 识记：软件操作建议、网络拓扑、硬件安装、LMT 配置、拨号测试、FTP 数据测试、硬件问题、建链问题、SCTP 问题、小区问题、硬件安装、 LMT 配置、EMS 网管初始配置、传输配置、带宽资源组配置、静态路由配置、无线配置、版本加载、整表同步、业务验证。

2. 领会：软件支持场景、网管操作。

任务 1　仿真软件

【本任务要求】

1. 识记：软件操作建议。
2. 领会：软件支持场景。

一、总体说明

LTE TDD&FDD 工程仿真教学软件以高仿真商用设备机房为背景，基于售后工程师工作内容设计，融合真实 LTE 站点工程、天馈、传输时钟、网管方案的要素，再现了中兴通讯 eNodeB 系列设备的组网、硬件结构、软硬件工程安装、开通调试等过程。通过软件可以正确完成网络拓扑设计，商用机房设备部署及安装连线、网管软件安装、站点版本升级、网管数据配置并导入、故障排查后，最终实现 LTE 终端的拨号连接和业务测试，操作难度大、真实度高、整体性强，可帮助售后工程师、初学者摆脱培训实操环境制约，快速掌握中兴通讯 eNodeB 设备的安装及开通，并在方案层面积累经验，向 4G 迈进。通过软件，可以完成 eNodeB 基站系统开通教学，掌握相当于售后技术支持工程师专业二级认证技能。

本模块以 TDD 模式站点为例进行讲解。

二、软件支持场景

软件设计了表 6.1 中的 7 个场景，下面的任务 2 介绍了该场景中 BBU+RRU 基站如何开通调试的完整流程。

表 6.1　　　　　　　　　　　　　软件支持的场景

场　　景	基带机柜所在位置
BBU+RRU（近端）新建	Position 2 或者 Position 3
BBU+RRU（远端）新建	Position 2 或者 Position 3
BBU+RRU 利旧	Position 1
BS8800+RSU 新建	Position 2
BS8800+RSU 利旧	Position 1
BS8900+RSU 新建	Position 5
BS8906+RSU/RRU 新建	Position 6 或者 Position 7

三、操作建议

1．建议先完成任务 2 的场景基站开通流程，然后学习任务 3 "故障处理" 方法，然后完成任务 4 "业务测试"。这样就基本掌握了 LTE 基站的典型开站过程。

2．软件提供数据备份和恢复功能。备份出来的数据包括网络拓扑、硬件安装和后台参数等所有元素。如果遇到问题，可以恢复一个正确的数据进行对照。

3．如果不想练习硬件安装，只想练习后台数据配置，可以恢复出一个正确的数据，然后在后台删除基站，重新配置，完成整个过程。

4．在软件操作过程中，如果有疑问，可以点击软件帮助菜单。

5．进行故障处理时，先导入一个故障配置数据 Fault.ztl，在不更改网络拓扑、硬件设备的前提下，更正连线、数据配置等错误，然后完成业务测试，最后备份一个正确的配置数据，至此，故障处理获得成功。

任务 2　BS8700 开通场景

【本任务要求】

1．识记：网络拓扑、硬件安装、LMT 配置。

2．领会：网管操作。

一、总体说明

BS8700 和 BS8800 都是中兴的设备型号，BS8700 表示分布式基站，也就是所谓的 BBU+RRU；BS8800 表示室内宏基站。

LTE FDD 最常见的站型是分离式 BBU+RRU，中兴公司产品 BBU 和 RRU 分别有很多款型。例如，BBU 根据大小有 1U、2U、3U，RRU 根据类型有 R8880、R8962、R8884，频段有 L268、L718 等，本软件为了操作方便，设定 BBU 型号是 BS8200，RRU 型号是

R8962。

本章主要介绍如何开通一个基站，操作步骤包括规划网络拓扑、硬件安装、LMT 调试、网管配置、版本升级和数据同步。每一个操作步骤都列出了操作方法、注意事项、配置参数和数据记录。读者练习时，请仔细阅读，严格按照本文完成上机的学习。

二、网络拓扑

实习目的：

掌握 LTE FDD 网络整体结构，规划调试参数。

实习项目：

配置网络拓扑关系，记录对接参数。

实习要求：

掌握 LTE FDD 网络结构，了解核心网网元和接入网网元关键对接参数。

实习任务及记录：

1．选择无线制式，进入对应的产品界面

双击图 6.1 中选择单模 FDD 或者 TDD 或者双模制式后，软件自动进入拓扑规划界面。

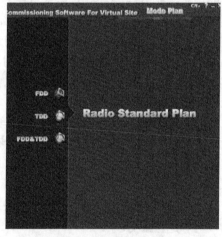

图 6.1　无线制式选择界面

2．规划核心网网元，记录 IP 参数

核心网有 4 个网元，XGW 用于业务媒体流，MME 用于业务控制流，1588 Clock Server 用于配置时钟，EMS&OMM 是无线侧网管，FTP 是应用服务器。这 4 个网元可以拖放到不同的区域（area），也可以配置在同一个区域（area）中，如表 6.2 所示。

表 6.2　　　　　　　　　　　核心网元 AREA 安排表

AREA 1		1588 时钟	MME	EMS&OMM
AREA 2	XGW			
AREA 3				
AREA 4				

核心网元拖放完成后，系统给相应的网元主动分配 IP 地址，并且通过网关和 IP 传输网络连接起来。记录表 6.3 的相关参数，在网管配置和业务调试中使用。

表 6.3　　　　　　　　　　　　　　　　网元相关参数表

关键参数	值	功能描述
XGW Service IP	192.168.X.100	配置静态路由使用
Ftp Service IP	192 192.X.254	业务测试时使用
1588 Clock Service IP	192.192.X.158	配置 1588 时钟服务器使用
MME interface IP	192.192.X.200	配置 SCTP 使用
MME Signal IP	192.168.X.200	配置静态路由使用
EMS&OMM IP	192.192.X.101	配置静态路由和 OMCB 使用
EMS&OMM Gateway	192.192.X.1	配置 OMCB 参数时使用

IP 参数中的 X 是指网元拖到不同的 area 时，系统自动分配的，取值可能是 10/20/30/40

3. 记录对接参数

把鼠标拖放在 area 对应的大楼上，可以看到核心网和无线网对接所需的关键参数。记录表 6.4 的相关参数，在网管配置和业务调试中使用。

表 6.4　　　　　　　　　　　　　　　　无线系统相关参数表

关键参数	值	功能描述
MCC	460	配置无线总体参数和小区时使用
MNC	11	配置无线总体参数和小区时使用
TAC	171	配置小区时使用

图 6.2 是分配完核心网元后的界面。

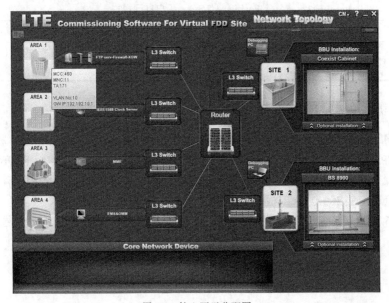

图 6.2　核心网元分配图

三、硬件安装

实习目的：

熟悉硬件安装的机房总体布局、设备类型、馈线类型、安装方法，掌握硬件安装中的故障处理。

实习项目：

安装 BBU 和 RRU，包括室内部分和天馈部分。

实习要求：

掌握无线侧设备的硬件结构、安装方式。

实习任务及记录：

1. 进入机房，安装机柜

在"网络拓扑"界面右边可以看到基站，双击"可选安装场景"界面，选择 BBU 相应的安装位置，根据不同的安装方式选择对应的机柜。

BBU 安装在机柜 Position 1 位置时，可以选择 19 英寸机柜、大龙门架。

BBU 安装在机柜 Position 2 位置时，可以选择 19 英寸机柜、大龙门架、小龙门架。

BBU 安装在机柜 Position 3 位置时，可以选择挂墙架。

BBU 安装在机柜 Position 4 位置时，可以选择 HUB 柜。

记录表 6.5 的相关参数，在网管配置和业务调试中使用。

表 6.5　　　　　　　　　　　基站相关参数表

关 键 参 数	取 值	备 注
基站编号	SITE1	SITE1/SITE2，两者只能选一个，区别在于天线是位于楼顶，还是铁塔上
基站类型	BS8700	BS8700/BS8800/BS8900A/BS8906
BBU 位置	Position 2	Position 1/2/3/4，用户自己规划
BBU 安装方式	19 英寸机柜	或者挂墙架，根据 BBU 安装位置决定
RRU	远端	近端/远端，指天线是否和 RRU 在同一个抱杆/铁塔上，在于馈线连接方式不同

2. 点击机柜，增加 BBU 设备，添加单板

不同的机柜可以安装的设备也不同。例如，Position 2 的 19 英寸机柜可以增加 BS8200、DCPD4、NR8250 等，Position 2 的小龙门架可以增加 BS8200、R8962。

点击步骤 1 中增加的机柜，在屏幕下方出现可以增加的设备。首先将一个 BS8200 拖到机柜，然后点击 BS8200 进入单板配置界面，如图 6.3 所示，添加单板。

根据图 6.3 的安装情况，在表 6.6 中记录基站相关安装信息，注意槽位号必须一一对应进行填写。

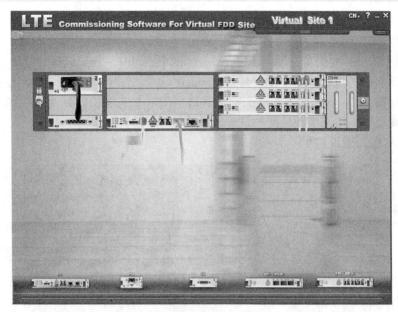

图 6.3 BBU 单板配置图

表 6.6 BBU 槽位表

槽 位 号	单 板 名 称
PM15	PM 电源模块
PM14	
SA	SA 现场告警模块
BPL3	
BPL4	
BPL5	
BPL6	BPL LTE 基带处理板
BPL7	BPL LTE 基带处理板
BPL8	BPL LTE 基带处理板
CC2	
CC1	CC 控制和时钟模块

3. BBU 电源连线

对于 BS8200，工程规范要求如下，首先连接地线，然后工作电源按照 BBU—DCPD4—T301 的方式连接，也可以直接从 BBU 连接到 T301 上。电源 T301 设备在位置 Position 13 的上面机柜。

操作步骤：

（1）地线连接

点击 BBU 左侧地线接线柱，从 "Power cable and grounding cable" 选择 "10 mm² yellow-green flame-retardant stranded cable"，一侧连接到基站上，另外一侧连接到机柜接地点上。

（2）电源连接

① 点击 BBU 的 PM 单板，从 "Power cable and grounding cable" 选择 "BBU dedicated power cable 2"，一侧连接到 PM 接头上，DCPD4 一侧的蓝线连接到 1-8 端子的上面，黑线连接到 1-8 端子的下面，完成 BBU 到 DCP04 的连接。

② 点击 DCPD4，从 "Power cable and grounding cable" 分别选择 "blue flame-retardant stranded cable" 和 "black flame-retardant stranded cable"，DCPD4 一侧蓝线连接到 "–48V" 接头，黑线连接到 "–48V RTN" 接头，然后进入 T301 电源柜，黑线连接到最上面的工作地排上，蓝线连接到中间电源分配的任一个接线柱上。

DCPD4 连线如图 6.4 所示。

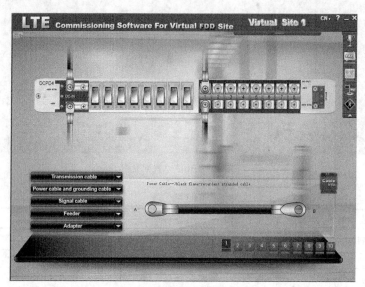

图 6.4　DCPD4 连接线图

操作完成后，点击 BBU 的 PM 单板，查看并记录灯颜色是从红色变为绿色，这表明整个 BBU 已经上电。也可以点击整体进度查询，查看左边的电源柜到 CC 单板由红色连线连接起来，如图 6.5 所示。

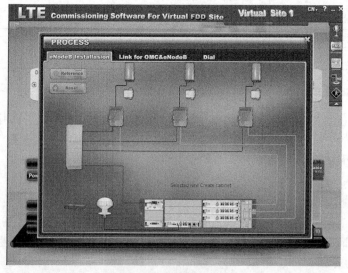

图 6.5　整体进度查询图

4．传输连线

对于 BS8200，本软件要求所有的基站 CC 单板通过网线或者光纤连接到微波设备 NR8250 上。微波 NR8250 设备在位置 Position 13 的下面机柜。

操作步骤：

网线连接：点击 BBU 的 CC 单板，从"Transmisson cable"中选择"Ethernet cable"，一侧连接到 CC 单板的"ETH0"口上，另外一侧连接 NR8250 单板的 FE1-4 端口，完成 BBU 到传输的网线连接。

或者光纤连接：点击 BBU 的 CC 单板，从"Transmisson cable"中的"Optical Fible"选择"A pair of single-core pigtails（LC-LC）"，配置两根光纤，一侧连接到 CC 单板的"TX/RX"口上，另外一侧连接 NR8250 单板的 STM-1 端口，完成 BBU 到传输的光纤连接。

5．RRU 安装

RRU 有多个安装位置。

对于 SITE1，如果 RRU 和天线在一起，3 个 RRU 的位置分别位于楼顶角落的 3 个抱杆上；如果 RRU 和天线不在一起，可以安装 RRU 的 3 个位置分别位于机房内左侧墙壁口 Position 8、Position 2 的小龙门架和室外 Position 5 的抱杆上。

对于 SITE2，如果 RRU 和天线在一起，3 个 RRU 的位置分别位于铁塔平台的 3 个方向上；如果 RRU 和天线不在一起，可以安装 RRU 的三个位置分别位于机房内左侧墙壁 Position 8、Position 2 的小龙门架和室外 Position 5 的抱杆上。

进入相应的位置，增加相应的 RRU。记录表 6.7 中的相关参数，在网管配置和业务调试中使用。

RRU 有两种上电连接方式。工程规范要求，首先连接地线，然后接工作电源。

表 6.7　　　　　　　　　　　　　　　RRU 相关参数表

关 键 参 数	值	RRU 和天线在近端？	功 能 描 述
基站编号	SITE1 或者 SITE2		
RRU1 位置	抱杆 α、铁塔 α 或者室内挂墙	Y	用 1/2 跳线
RRU2 位置	抱杆 β、铁塔 β 或者室内挂墙	Y	用 1/2 跳线
RRU3 位置	抱杆 γ、铁塔 γ 或者室内挂墙	N	1/2 跳线+7/8 馈线

6．RRU 上电

（1）如果不接避雷器，对于 RRU，先接地，然后电源直接连接到 T301 上。

地线连接：

点击 R8962，从"Power cable and grounding cable"选择"10 mm^2 yellow-green flame-retardant stranded cable"，一侧连接到 RRU 的中间接线柱上，另外一侧连接到馈线窗下面的室内地排上。

电源连接：

点击 R8962，从"Power cable and grounding cable"选择"R8962 dedicated input power cable"，一侧连接到 RRU 的"PWR"端口上，对于另外一侧，进入 T301 电源柜，黑线连接

到最上面的工作地排上，蓝线连接到中间电源分配的任一个接线柱上。

操作完成后，点击右侧的指示灯界面，查看并记录 RUN 灯颜色是从红色变为绿色，这表明整个 RRU 已经上电。或者点击整体进度查询，查看左边的电源柜到指定 RRU 由红色连线连接起来。

（2）如果要接避雷器，对于 RRU，先接地，然后电源按照 RRU—避雷器—T301 的方式连接。

地线连接：

有 3 个接地点，一个是 RRU 的正面接地点，另外两个在防雷 PIMDC 下面两侧。点击 R8962，从"Power cable and grounding cable"选择"10 mm^2 yellow-green flame-retardant stranded cable"，一侧连接到 RRU 的中间接线柱上，另外一侧连接到天线下面的室外地排上。然后再点击 R8962 左侧的 PIMDC，从"Power cable and grounding cable"选择两根"10 mm^2 yellow-green flame-retardant stranded cable"，一侧连接到防雷箱 PIMDC 下面两侧接地点上，另外一侧连接到天线下面的室外地排上。

电源连接：

点击 R8962，从"Power cable and grounding cable"选择"R8962 dedicated input power cable"，一侧连接到 RRU 的"PWR"端口上，对于另外一侧，进入 PIMDC，黑线连接到"Device side"的"-48V RTN"接头，蓝线连接到"Device side"的"-48V"接头。进入防雷箱 PIMDC 的"input side"，从"Power cable and grounding cable"分别选择"blue flame-retardant stranded cable"和"black flame-retardant stranded cable"，本侧蓝线连接到"-48V"接头，黑线连接到"-48V RTN"接头，然后进入 T301 电源柜，黑线连接到最上面的工作地排上，蓝线连接到中间电源分配的任意一个接线柱上，如图 6.6 所示。

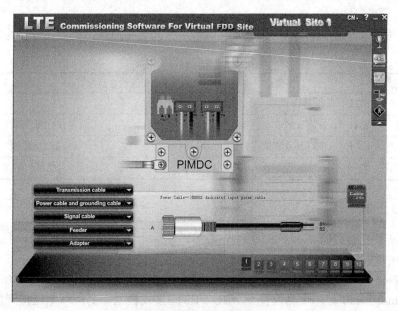

图 6.6　RRU 电源连接图

操作完成后，点击 RRU 右侧的指示灯界面，查看并记录 RRU 灯颜色是从红色变为绿色，这表明整个 RRU 已经上电。或者点击整体进度查询，查看左边的电源柜到指定 RRU

由红色连线连接起来。

7．天线连接

RRU 的天线连接有两种方式。在步骤 5 中确定 RRU 的安装位置后，根据 RRU 是否和天线在一起，采用不同的馈线连接。

对于新建基站（Position 2、Position 3 或者 Position 4 放置 BBU），如果 RRU 和天线在一起，RRU 用 1/2 跳线直连天线；如果 RRU 和天线不在一起，RRU 用 1/2 跳线连接到 7/8 馈线上，在天线侧，7/8 馈线再通过 1/2 跳线连接到天线上。

操作步骤：

如果 RRU 和天线在一起：点击 R8962，从"Feeder"的"Main feeder"选择"1/2jumper（N-N）（1）"，一侧连接到 RRU 的 ANT1/ANT2 端口，对于天线一侧，点击天线，然后从"Feeder"的"Main feeder"选择"1/2 jumper(N-N)(1)"，选择刚才使用的跳线，连接到天线的第一个端口。重新操作步骤，连接 TX/RX4。

如果 RRU 和天线不在一起，点击 R8962，从"Feeder"的"Main feeder"选择"1/2 jumper(N-N)(1)"，一侧连接到 RRU 的 TX/RX1 端口，再选择"7/8 主馈线"，在主馈线的界面单击鼠标右键，选择"Be Used for connecting"，回到刚才选择的 1/2 跳线，把 1/2 跳线和 7/8 主馈线连接起来。对于天线一侧，点击天线，从"Feeder"的"Main feeder"选择"1/2 jumper(N-N)(1)"，一侧连接到天线的第一个端口，再选择"7/8 主馈线"，在同一根 7/8 主馈线的界面单击鼠标右键选择"Be Used for connecting"，回到刚才选择的 1/2 跳线，把 1/2 跳线和 7/8 主馈线连接起来。重新操作步骤，连接 TX/RX4，如图 6.7 所示。

注意：RRU 和天线相连一般情况下有 6 条天馈，每条天馈有 2～3 根线缆，不能串线或者鸳鸯线，否则扇区天馈回路不通，小区没功率。

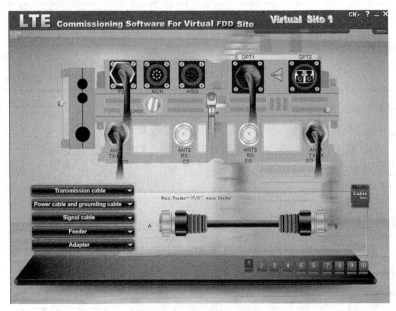

图 6.7　RRU 天馈连接图

记录表 6.8 中的相关参数，在网管配置和业务调试中使用。

表 6.8 RRU 天馈连接表

关　键　参　数	值	对　应　扇　区	功　能　描　述
基站编号	SITE1/SITE2		
基站天馈类型	新建/利旧		
RRU1 馈线根数	馈线 1 根（举例）	对应扇区	业务测试时使用
RRU2 馈线根数	馈线 2 根（举例）	对应扇区	业务测试时使用
RRU3 馈线根数	馈线 2 根（举例）	对应扇区	业务测试时使用

8．BPL 和 RRU 的连接

BPL 单板使用光纤和 RRU 相连、高速线缆和 RSU 相连，对于 BS8200，默认 BPL 单板的槽位使用光模块，速率是 4G，可以连接 3 个 RRU。

操作步骤：

（1）点击 BBU 的 BPL 单板，从"Transmission cable"中的"Optical Fible"选择"Field optical fiber"现场光缆，在 BPL 一侧连接到 TX/RX 上，然后点击 R8962，选择刚才配置的光纤，把另外一头插入 RRU 的 OPT1 上，完成 BPL 到 RRU 的光纤连接。依次完成所有的连接。如图 6.8 所示。

注意：BPL 和 RRU 连接的光纤有收发限制，如果 A1/A2 收发接反，则连接不通，指示灯也不会点亮。

记录表 6.9 中的相关参数，在网管配置和业务调试中使用。

表 6.9 BPL 单板连接表

关　键　参　数	连接的光口	连接的天线	功　能　描　述
BPL 单板槽位号	X		配置 RACK 使用
RRU1 位置	0	α	配置拓扑和小区使用
RRU2 位置	1	β	配置拓扑和小区使用
RRU3 位置	2	γ	配置拓扑和小区使用

操作完成后，点击 BPL 单板，查看并记录 BPL 单板的 OF0 灯颜色变为绿色，表明光口 0 的已经上电，光纤连接正确；查看并记录 BPL 单板的 OF1 灯颜色变为绿色，表明光口 1 的已经上电，光纤连接正确；查看并记录 BPL 单板的 OF2 灯颜色变为绿色，表明光口 2 的已经上电，光纤连接正确。或者点击整体进度查询，查看 BBU 的 BPL 单板到 RRU 是否由绿色连线连接起来。

9．GPS 到 CC 单板的连接

BS8700 一般有 GPS 和 1588 两种时钟源，如果采用 GPS，则首先把 GPS 天线连接到 GPS 避雷器上，然后接入 CC 单板上。

操作步骤：

点击室外 Position 5 的左侧 GPS 天线，从"Feeder"中的"GPS cable"选择"1/4 feeder"跳线，连接到 GPS 天线的接口上，点击 BBU 的 GPS 避雷器，把 1/4 跳线连接到左侧"IN"接头上。选择"GPS jumper（SMA-SMA）"，一头连接在 GPS 避雷器的上侧

"CH1"接头，另外一头连接到 CC 单板的"REF"接头上，如图 6.9 所示。

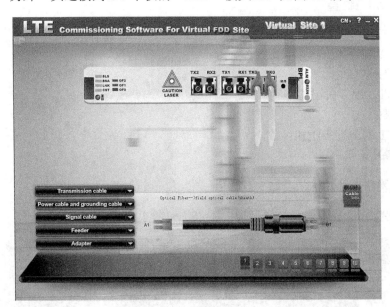

图 6.8　BPL 单板光纤连接图

　　注意：根据场景不同，BBU 的避雷器位置也不同。另外，对于 Position 1 的利旧场景，GPS 利旧，不需要连接。

　　点击整体进度查询，查看 GPS 到 CC 单板是否由绿色连线连接起来。

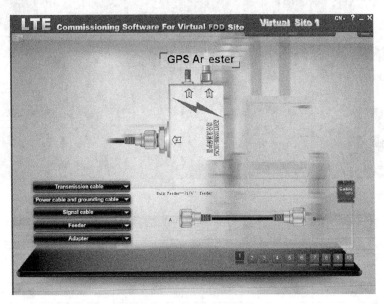

图 6.9　GPS 避雷器连接图

实习总结及思考

1. 基站硬件安装的整体步骤是怎么样的？

2. RRU 连接 BPL 以及天馈安装有哪些注意事项？

四、LMT 配置

实习目的：

掌握 LMT 的使用方法以及数据配置。

实习项目：

操作 LMT，配置关键建链参数。

实习要求：

掌握 LMT 的配置步骤和参数。

实习任务及记录：

1. 回到网络拓扑，确认基站

在"网络拓扑"界面，确认要开通的站点，如图 6.10 所示。

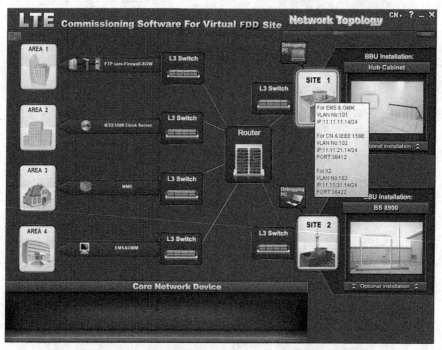

图 6.10 "网络拓扑"界面图

记录表 6.10 中的相关参数，在网管配置和业务调试中使用。

注意：必须确认选择的场景是否已经安装完毕，否则 EMS 中配置的基站无法建链。

表 6.10   网元相关参数表

参　　数	取　　值	备　　注
基站号	SITE1	SITE1 或者 SITE2
基站连接 CN 的地址	10.10.21.12	SCTP 和静态路由使用
基站连接 CN 的 VLAN 号	102	配置全局端口号使用
基站连接 CN 的端口号	36412	SCTP 使用

续表

参　　数	取　　值	备　　注
基站连接 CN 的网关地址	10.10.21.1	—
基站连接 X2 的地址	10.10.31.12	X2 接口使用
基站连接 X2 的 VLAN 号	103	配置全局端口号使用
基站连接 EMS 的地址	10.10.11.12	静态路由和 OMCB 使用
基站连接 EMS 的 VLAN 号	101	配置全局端口号使用
基站侧的网关地址	10.10.11.1	配置 OMCB 使用

2. LMT 计算机连接 CC 单板

利用本地调试计算机连接 BBU 的 CC 单板，运行 LMT 程序，配置基站与 EMS 建链必须的 IP 参数。

说明：开站前必须对 CC 单板下载基础版本，再配置建链的 IP 参数，只有当前台已上电、网管已配置完整数据、及传输打通后，基站才会自动跟网管建链。CC 单板的建链 IP 参数当可以在出厂前利用 LMT 统一设置好，也可以在调试现场由调试人员运行 LMT 临时设置好，还可以使用 USB 开站方式来设置。本教学软件采用调试人员在现场基站加电后通过 LMT 设置的方式。

进入机房，单击进入本地调试计算机，单击计算机键盘处，进入调试机网线连接界面。从"Transmission"中选择"Ethernet cable"，一侧连接到本地计算机的网口上，另外一侧连接到 CC 单板的"DEBUG/LMT"端口，完成本地调试计算机到 BBU 的网线连接。

记录表 6.10 中的相关参数，在网管配置和业务调试中使用。

表 6.11　　　　　　　　　　LMT 计算机相关参数表

关　键　参　数	值	功　能　描　述
LMT 电脑 IP	192.254.1 .X	和 CC 调试网口一个网段
子网掩码	255.255.0.0	

3. 登录 LMT，配置参数并同步

通过机房的本地计算机，或者拓扑管理界面的"Debugging PC"，都可以进入 LMT。打开计算机桌面的"EOMS.jar"程序，弹出 LMT 登录界面，如图 6.11 所示。

注意：LMT 配置数据的时候是实时同步到基站上去的，不需要另外同步。

操作步骤：

（1）配置 PhyLayerPort

PhyLayerPort 是指 CC 物理单板网口。

进入"TransportNetwork"-"PhyLayerPort"右键增加一个记录，点击确认。按照表 6.12 中参数修改，其他参数默认。

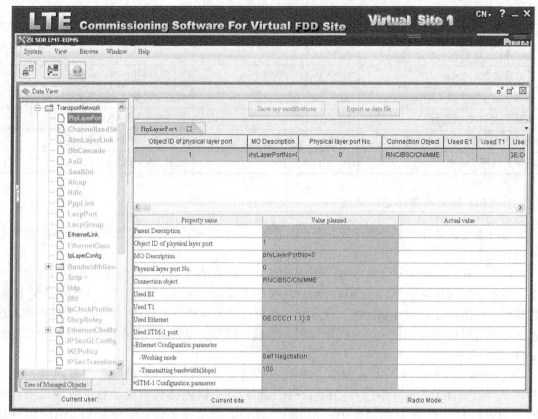

图 6.11　EOMS.jar 程序登录完成后界面

表 6.12　　　　　　　　　　　　　　物理单板网口记录表

关 键 参 数	值	功 能 描 述
Connection Object	RNC/BSC/CN/MME	对接核心网
Used Ethernet	GE:CCC(1.1.1):0	固定以太网口

（2）配置 EthernetLink

EthernetLink 是指 CC 单板网口的以太网属性和 VLAN 设置。网络拓扑中基站分配了 3 个 VLAN，在 LMT 中只需要增加基站规划的到 EMS 的地址的 VLAN 号。

进入"TransportNetwork"-"EthernetLink"，右键增加一个记录，单击确认。然后单击修改，其他参数默认。记录并确认表 6.13 中的关键参数，根据网络拓扑和硬件安装的参数规划进行配置，如果有故障，则需要核对。其他参数选择默认即可。

表 6.13　　　　　　　　　　　　　　VLAN 相关参数表

关 键 参 数	值	功 能 描 述
VLAN ID	101 或者 201	由基站位置决定
Used physical layer port	phyLayerPortNo=0	固定端口号

（3）配置 IPLayerConfig

IPLayerConfig 是指 CC 单板网口的 IP 地址设置。网络拓扑中基站分配了 3 个 IP 地址，在 LMT 中需要只增加基站规划的到 EMS 的 IP 地址。

进入"TransportNetwork"-"IPLayerConfig"，右键增加一个记录。然后单击修改，其他参数默认。记录并确认表 6.14 中的关键参数，根据网络拓扑和硬件安装的参数规划进行配置，如果有故障需要核对。其他参数选择默认即可。

表 6.14　　　　　　　　　　　　　CC 单板至 EMS 的 IP 规划表

关 键 参 数	值	功 能 描 述
Used Ethernet Link	EthernetLinkNo=0	
VLAN ID	101 或者 201	与系统创建的地址一致
IP address	11.11.11.1X 或者 11.11.12.1X	与系统创建的地址一致
Network mask	255.255.255.0	
Gateway IP	11.11.11.1 或者 11.11.12.1	与系统创建的地址一致

（4）配置 VsOam

VsOam 是指 EMS 服务器的地址。

进入"TransportNetwork"-"VsOam"的 itUnitBts，右键增加一个记录。然后单击修改，其他参数默认。记录并确认表 6.15 中的关键参数，根据网络拓扑和硬件安装的参数规划进行配置，如果有故障需要核对。其他参数选择默认即可。

表 6.15　　　　　　　　　　　　　　EMS 服务器 IP 规划表

关 键 参 数	值	功 能 描 述
Interface type operation and maintenance	Independent Network	注意类型
Base station inner IP	11.11.11.1X 或者 11.11.12.1X	与系统创建的基站的 EMS 地址一致
OMC gateway IP	192. 192X0.1	与系统创建的基站的 EMS 地址一致
OMC Server IP	192.192X0.101	与系统创建的基站的 EMS 地址一致
OMC subnet mask	255.255.255.255	
Used IP layer Configuration	IPLinkNo=0	

单击关闭退出，上面配置的参数就已经设置到 CC 单板上并生效了。

实习总结及思考

（1）为什么要用 LMT 配置基站？和后台的 EMS 配置有什么区别？分别起什么作用？

（2）LMT 要配置哪些参数？分别是如何规划的？

五、网管操作

实习目的：

1．熟悉 EMS 的操作和使用方法。

2．掌握在 EMS 上配置一个模板基站的过程和参数。

实习项目：

EMS 的开启、基站数据配置过程。

实习要求：

熟悉 EMS 的操作界面、参数规划和配置。

实习任务及记录：

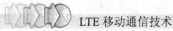

总共 7 个大的步骤，包括启动 EMS、配置数据、版本下载和数据同步。

进入虚拟 OMC，运行 EMS，增加并启动虚拟代理、添加基站。

1．打开 EMS 客户端

在"网络拓扑"界面，从基站上方的"debugging PC"进入网管配置和操作界面，打开桌面的"NetNumenClient"程序，点击 OK 进入。登录的服务器 IP 是根据网络拓扑自动创建的。

2．创建并启动网元代理

在 EMS 的拓扑管理的最左侧 EMS 服务器总节点下单击鼠标右键，点击"Create Object"→"MO SDR NE Agent"，创建一个网元代理。然后在创建的网元代理单击鼠标右键，从"NE agent Management"中选择"start"启动网元代理。

记录并确认表 6.16 中的关键参数，根据网络拓扑和硬件安装的参数规划进行配置，如果有故障需要核对。其他参数选择默认即可。

表 6.16　　　　　　　　　　　　网元代理相关参数表

关 键 参 数	值	功 能 描 述
Name	Labomm（举例）	OMM 的名称
Time zone	+8:00 北京时区	
IP Address	192.192.X0.101	同机部署，与 EMS 地址一致

3．创建子网

在配置管理的节点下面单击鼠标右键，选择"Create SubNetWork"创建一个子网。

记录并确认表 6.17 中的关键参数，根据网络拓扑和硬件安装的参数规划进行配置，如果有故障要核对。其他参数选择默认即可。

表 6.17　　　　　　　　　　　　子网相关参数表

关 键 参 数	值	功 能 描 述
Alias	Labnetwork（举例）	子网名称
SubNetwork ID	0	默认从 0 开始

4．创建基站

在子网的节点下面单击鼠标右键，这样"Create NE"，创建一个基站。

记录并确认表 6.18 中的关键参数，根据网络拓扑和硬件安装的参数规划进行配置，如果有故障需要核对。其他参数选择默认即可。

表 6.18　　　　　　　　　　　　基站相关参数表

关 键 参 数	值	功 能 描 述
NE ID	0	基站唯一的号码，默认从 0 开始

续表

关 键 参 数	值	功 能 描 述
Radio standard	FDD	与无线制式保持一致
NE type	BS8700	固定
NE external IP	11.11.11.1X 或者 11.11.12.1X	与系统创建的基站的 EMS 地址一致
NE name	Test（举例）	基站名称
BBU type	B8200 或者 B8300	与硬件一致
Maintenance Status	Normal	商用状态是 normal

操作完成后，可以看到建链状态，在基站图标上出现一个绿色的标志。

5．平台物理资源配置

操作步骤：

（1）申请权限

在创建基站单击鼠标右键，选择"Apply Mutex Right"申请操作权限，只有申请操作权限后，才能配置数据。

（2）配置运营商信息

双击"Operator"，点击右侧+号增加一个记录。记录并确认表 6.19 中的关键参数，根据网络拓扑和硬件安装的参数规划进行配置，如果有故障，要进行核对。其他参数选择默认即可。

表 6.19　　　　　　　　　　　运营商信息表

关 键 参 数	值	功 能 描 述
Operator name	OperatorA（举例）	根据运营商要求
CE percent	50（举例）	根据运营商要求

（3）配置网络号 PLMN

进入"Operator"→"PLMN"，点击右侧+号增加一个记录。记录并确认表 6.20 中的关键参数，根据网络拓扑和硬件安装的参数规划进行配置，如果故障需要进行核对。其他参数选择默认即可。

表 6.20　　　　　　　　　　　PLMN 表

关 键 参 数	值	功 能 描 述
MCC	460	与规划一致
MNC	11	与规划一致

（4）配置 RACK

增加完基站后，在 Cabinet 中自动创建一个标准的 8200 机架，配置有 PM、SA 和 CC 单板。需要根据实际硬件配置添加和修改相应的单板。对于 RRU，也需要创建机架、添加单板，如果有 3 个 RRU，需要创建 3 个机架，如图 6.12 所示。

① 进入"Equipment"，进入板位图配置界面。然后根据上一章硬件安装的板位图添加单板，首先创建 BBU 单板。

注意：添加 CC 单板时，Board type 必须选择新单板 CCC；添加 BPL 单板时，选择 BPL。

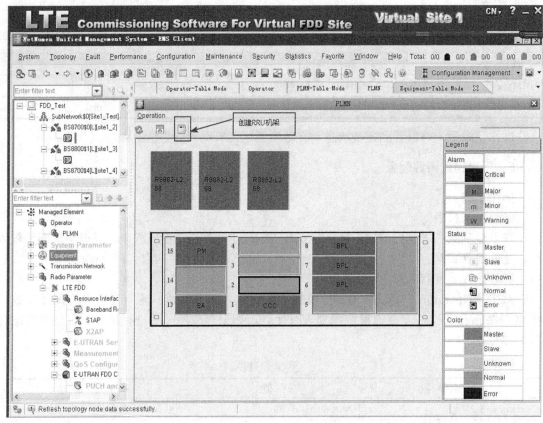

图 6.12　创建 RRU 机架图

② 进入"Equipment"，点击右侧的 RRU 增加按钮。记录并确认表 6.21 中的关键参数，根据网络拓扑和硬件安装的参数规划进行配置，如果有故障，则需要核对。其他参数选择默认即可。每个 RRU 对应一条记录。

表 6.21　　　　　　　　　　　　　　　RRU 机架记录表

关 键 参 数	记录 1	记录 2	记录 3	功 能 描 述
RACK No	51	52	53	对应 3 个 RRU 机架
RRU management ID	51	52	53	对应 3 个 RRU 机架
RRU type	R8962 L268			同定

注意：配置 RACK 和添加单板时，要和安装基站时的配置完全一样，包括单板型号、槽位号等，否则基站业务不通。

（5）修改 BPL 光口参数

配置 BPL 单板后，每个 BPL 单板的 3 个光口会自动创建一个参数记录，包括接口协议、光端口速率、支持的无线产品载波数等。本软件设定 BPL 光端口速率固定为 4G，请修改，修改后点保存。

进入"Equipment"→"B8200"→"BPL（1,1，X）"的 Optical port device，会看到有 3 条记录，分别选中每条记录，选择编辑图表，修改光端口速率参数，如图 6.13 所示。

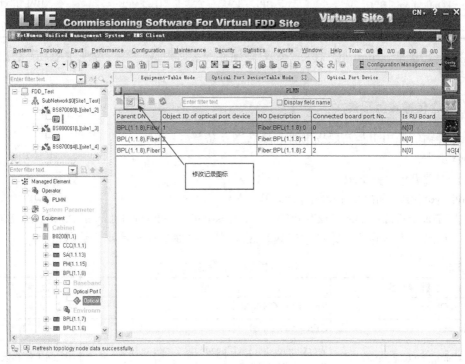

图 6.13　修改 BPL 光口参数图

记录并确认表 6.22 中的关键参数，根据网络拓扑和硬件安装的参数规划进行配置，如果有故障，则需要核对。其他参数选择默认即可。

表 6.22　　　　　　　　　　　　　　修改 BPL 光口参数表

关键参数	记录 1	记录 2	记录 3	功能描述
Optical module type	4G	4G	4G	固定
Protocol type of Optical module	PHY CPRI[0]			固定

（6）修改 RRU 光口参数

添加 RRU 后，每个 RRU 的两个光口会自动创建一个参数记录，包括接口协议、光端口速率、支持的无线产品载波数等。本软件设定光端口速率固定为 4G，请修改。

进入"Equipment"→"RRU"的 Optical port device，会看到有两条记录，分别选中每条记录，选择编辑图表，修改光端口速率参数为 4G。

（7）配置光纤连接

BPL 到每个 RRU 连接关系需要配置拓扑。

进入"Equipment"→"BTS Auxiliary Peripheral Device"的 Fible cable，点击右侧的+号增加一个记录。如果有 3 个 RRU，就需要增加 3 条记录。记录并确认表 6.23 中的关键参数，根据网络拓扑和硬件安装的参数规划进行配置，如果有故障，则需要核对。其他参数选择默认即可。

表 6.23   BPL 到 RRU 连接关系表

关 键 参 数	记录 1	记录 2	记录 3	功 能 描 述
Upper level Optical port	BPL：0	BPL：1	BPL：2	BPL 和对应光口
Upper level Optical port	R8962-L268（51）：1	R8962-L268（52）：1	R8962-L268（53）：1	RRU 三个机架

注意：配置光口 Port ID 时，一定要与硬件安装时对应一致，否则 RRU 无法启动，基站业务不通。

6. 平台传输资源配置

平台传输资源用于基站连接网管、核心网设备等。

操作步骤：

（1）配置 PhyLayerPort

PhyLayerPort 是指 CC 物理单板网口。

进入"Transmission Network"→"Physical Hosting"→"Physical Layer Port"，点击右侧+号增加一个记录，点击确认，记录并确认表 6.24 中的关键参数，其他参数默认。

表 6.24   CC 单板网口物理层参数表

关 键 参 数	值	功 能 描 述
Connection Object	RNC/BSC/CN/MME	对接核心网
Used Ethernet	GE:CCC(1.1.1):0	固定以太网口
Ethernet Configuration parameter	Working modem=self negotiation transmitting Bandwidth=100000	以太网工作参数

（2）配置 Ethernet Link Layer

EthernetLink 是指 CC 单板网口的以太网属性和 VLAN 设置。网络拓扑中基站分配了 3 个 VLAN，在 LMT 中只需要增加基站规划的到 EMS 的地址的 VLAN 号。

进入"Transmission Network"→"IP Transport"→"Ethernet Link Layer"，点击右侧+号增加一个记录，点击确认，其他参数默认。记录并确认表 6.25 中的关键参数，根据网络拓扑和硬件安装的参数规划进行配置，如果有故障，则需要核对。其他参数选择默认即可。

表 6.25   CC 单板网口 VLAN 参数表

关 键 参 数	值	功 能 描 述
VLAN ID	101 或者 201	根据基站位置决定
Used physical layer port	phyLayerPortNo=0	固定端口号

（3）配置 IPLayerConfiguration

IPLayerConfiguration 是指 CC 单板网口的 IP 地址设置。网络拓扑中基站分配了 3 个 IP 地址，如果没有基站互连的 X2 接口，则需要增加两条记录，一条是基站到 EMS 的地址，一条是基站到 CN 的地址。

进入"Transmission Network"→"IP Transport"→"IP Layer Configuration"，点击右侧+号增加两个记录，其他参数默认。记录并确认表 6.26 中的关键参数，根据网络拓扑和硬件安装的参数规划进行配置，如果有故障，则需要核对。其他参数选择默认即可。

表 6.26　　　　　　　　　　　　　　CC 单板网口 IP 参数表

关 键 参 数	记录 1	记录 2	功 能 描 述
IP parameter Link No	0	1	
VLAN ID	101 或者 201	102 或者 202	
IP address	11.11.11.1X 或者 11.11.12.1X	11.11.12.1X 或者 11.11.22.1X	和基站规划参数一致
Network mask	255.255.255.0	255.255.255.0	
Gateway IP	11.11.11.1 或者 11.11.12.1	11.11.12.1 或者 11.11.22.1	和基站规划参数一致

（4）配置 Bandwidth Resource Group

Bandwidth Resource 是为网口分配带宽资源。

进入"Transmission Network"→"Bandwidth assignment"→"Bandwidth Resource Group"，点击右侧+号增加一个记录，其他参数默认。记录并确认表 6.27 中的关键参数，根据网络拓扑和硬件安装的参数规划进行配置，如果有故障，则需要核对。其他参数选择默认即可。

表 6.27　　　　　　　　　　　　　　CC 单板网口宽带资源表

关 键 参 数	值	功 能 描 述
Used Ethernet Link	EthernetLinkNo=0	固定
Maximum bandwidth	100000	100M 速率

（5）配置 Bandwidth Resource

进入"Transmission Network"→"Bandwidth assignment"→"Bandwidth Resource G"，点击右侧+号增加一个记录，所有参数保持默认。

（6）配置静态路由

Static Route Parameter 是指如果基站地址和核心网网元地址不在一个网段内，需要指定一个路由。如果 GPS 正常，需要增加 3 条记录，一条是基站到 EMS 的路由，一条是基站到 MME 的路由，一条是基站到 XGW 的路由。如果没有连接 GPS，则需要增加 4 条记录，包括到 1588 时钟服务器的路由。

进入"Transmission Network"→"Static Route"→"Static Routing Configuration"，点击右侧+号增加 4 条记录，其他参数默认。记录并确认表 6.28 中的关键参数，根据网络拓扑和硬件安装的参数规划进行配置，如果有故障，则需要核对。其他参数选择默认即可。

表 6.28　　　　　　　　　　　　　　静态路由表

关 键 参 数	记录 1	记录 2	记录 3	记录 4
Static routing number	0	1	2	3
Destination IP address	192.192.X0.101	192.168.X.100	192.168.X.200	192.192.X.158
Network Mask	255.255.255.0	255.255.255.0	255.255.255.0	255.255.255.0
Next Hop IP	11.11.11.1 或者 11.11.12.1	11.11.12.1 或者 11.11.22.1	11.11.12.1 或者 11.11.22.1	11.11.12.1 或者 11.11.22.1
Used Ethernet Link	EthernetLinkNo=0	EthernetLinkNo=0	EthernetLinkNo=0	EthernetLinkNo=0
VLAN ID	101 或者 201	102 或者 202	102 或者 202	102 或者 202
备注	EMS	SGW	MME	1588

（7）配置 SCTP

SCTP 是基站到 MME 的 S1 协议接口，需要增加一条记录。

注意：配置 SCTP 时，两侧的地址、端口号都要选择正确，否则 SCTP 不可用，基站业务不通。

进入"Transmission Network"→"Signaling and business"→"SCTP"，点击右侧+号增加一条记录，其他参数默认。记录并确认表 6.29 中的关键参数，根据网络拓扑和硬件安装的参数规划进行配置，如果有故障，则需要核对。其他参数选择默认即可。

表 6.29　　　　　　　　　　　　　　SCTP 参数表

关 键 参 数	值	功 能 描 述
SCTP link No	1	
Used IP　Layer Configuration	IPLinkNo=1	
Used Bandwidth Resource	BandwidthResource=1	
Local Port No	36412	根据基站到 MME 的端口号
Remote Port No	36412	规划的 MME 端口号
Remote Address	192.192.X0.200	规划的 MME 地址

（8）配置 OMC Channel

OMC Channel 配置是告诉基站 EMS 服务器的地址，如果配置错误，基站将不能连接到网管。

进入"Transmission Network"→"OMC Channel"，点击右侧+号增加一条记录，其他参数默认。记录并确认表 6.30 中的关键参数，根据网络拓扑和硬件安装的参数规划进行配置，如果有故障，则需要核对。其他参数选择默认即可。

表 6.30　　　　　　　　　　　　　　OMC 相关参数表

关 键 参 数	值	功 能 描 述
Interface type	Independent Network[3]	由 CC 单板槽位号决定
OMC server IP	192.192. X0.101	EMS 地址
OMC subnet Mask	255.255.255.0	固定
Used IP Layer Configuration	IPLinkNo=0	基站连接网管的 IP
Used Bandwidth Resource	BandwidthResource=1	

7．无线参数设备资源配置

操作步骤：

（1）配置 Baseband Resource

进入"Radio parameter"→"Resource interface Configuration"的 Baseband Resource，点击右侧+号增加 3 条记录，每个 RRU 对应一条记录。记录并确认表 6.31 中的关键参数，根据网络拓扑和硬件安装的参数规划进行配置，如果有故障，则需要核对。其他参数选择默认即可。

（2）配置 S1AP

S1AP 配置把小区与对应的 MME 关联起来。

进入"Radio Parameter"→"Resource interface Configuration"的 S1AP，点击右侧+号增加 3 条记录，所有参数保持默认，其中 SCTPNo=1。

表 6.31 基带资源表

关键参数	记录 1	记录 2	记录 3	功能描述
Baseband Resource ID	1	2	3	基带资源号
RF Port Object	R8962-L268 (51)：1	R8962-L268 (52)：1	R8962-L268 (53)：1	RRU 的第 1 个光口
Connected Baseband Device	BPL（X,1,1）	BPL（X,1,1）	BPL（X,1,1）	X 为 BPL 板槽位
BPL Port	0	1	2	BPL 板光口

8. 无线参数小区配置

操作步骤：

配置小区 serving Cell。serving Cell 配置是配置每个 RRU 的无线参数配置。

注意：配置小区的时候，要仔细核对小区馈线是否连接正常，与 BPL 光口连线是否正确，否则该扇区不能使用。

进入"Radio parameter"→"E-UTRAN FDD Cell"，点右侧+号增加相应记录，并确认表 6.32 中的关键参数，根据网络拓扑和硬件安装的参数规划进行配置，如果有故障，则需要核对。其他参数选择默认即可。

表 6.32 无线参数小区配置表

关 键 参 数	记录 1	记录 2	记录 3	功 能 描 述
Cell ID	40-170	40-170	40-170	小区逻辑编号
PLMN list	1	1	1	和前面配置对应
Baseband Resource Configuration	1	2	3	和前面配置对应
PCI	1	2	3	物理小区编号
TAC	171	171	171	位置区编号
Uplink Frequency	2550	2550	2550	上行中心频率
Down Frequency	2635	2635	2635	下行中心频率

9. 版本下载

因为软件设计基站初始版本是 V3.10.01P02R1，现场后台版本是 V3.10.01B04R1，所以配置完数据、前后台建链后，需要升级一次版本，把基站版本从 V3.10.01P02R1 升级到 V3.10.01B04R1。

基站升级的顺序是版本包创建、版本包下载、版本包激活、复位、查询版本。

需要创建的版本包括产品软件版本、平台软件版本和平台固件版本。

注意：如果不升级版本，前后台可以建链、同步数据正常，但是业务不通。

操作步骤：

（1）查询版本

从拓扑管理进入"software Version Management"，进入版本管理的界面。

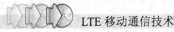

进入"Query Task Management",勾选已建链基站,就可以查询到基站当前版本是V3.10.01P02R1,如图 6.14 所示。

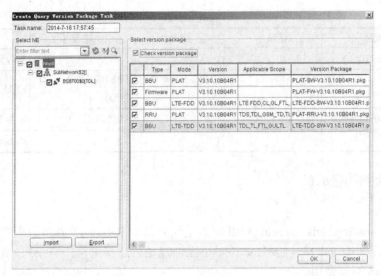

图 6.14　查询版本图

（2）升级基站版本包

进入"Upgrade task Management",在左侧选择基站号,在右侧全部选定版本包,在"select operation"界面分别选择"Download"、"Pre-Activation"、"Activation effective"与"Query Version",下载并激活 BBU 和 RRU 的 5 个版本包,包括产品软件版本、平台软件版本和平台固件版本,如图 6.15 所示。

图 6.15　升级基站版本包图

（3）再次查询基站新版本

进入"Query Task Management"，勾选已建链基站，就可以查询到基站当前版本是 V3.10.10B04R1。

10．数据同步

回到配置管理，在 OMM 上点击鼠标右键，选择"Data Synchronize"，如果建链成功，就把整表配置数据下发到基站。如果没有建链成功，则提示无法同步数据，如图 6.16 所示。

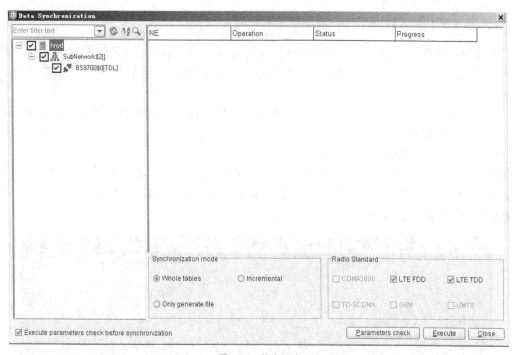

图 6.16　整表同步

同步完成后，前后台数据一致。如果硬件安装、数据配置正确，业务就会成功。如果有故障，请参阅《故障处理》章节。

实习总结和思考

1．如何打开后台网管 EMS，进入配置界面？

2．配置数据时有一些图标和颜色，分别代表什么？比如基站锁定的标志、前后台建链的标志、配置集主用的标志。

3．配置一个基站，需要配置哪些数据，有哪些关键参数？

4．版本升级的步骤是怎么样的？怎么判断升级是否成功？

任务3　业务测试

【本任务要求】

1．识记：拨号测试、FTP 数据测试。

2. 领会：实习目的和要求。

一、拨号测试

实习目的：

掌握终端拨号和业务测试方法。

实习要求：

按照场景要求，调试基站，数据同步完成。

实习任务及记录：

1. 进入虚拟网管界面，打开拨号程序

在 EMS 桌面，有个"Mobile Broadband"图标，该图标是测试终端安装驱动完成后生成的拨号界面。基站配置完成后，打开拨号程序，可以看到信号、终端注册情况、是否拨号等。

注意：本软件拨号成功与否只关注无线侧设备运行情况，默认核心网和 AAA 服务器运行正常，终端鉴权等设置成功等。

2. 对每个扇区都进行拨号测试

在拨号界面能看到 LTE 无线 4G 信号，如果小区信号功率正常，则拨号界面可以显示信号，并有 4G 字样，如图 6.17 所示。如果终端有信号，单击 CONNECT 按钮，拨号不成功表明小区或其他配置数据有问题，如图 6.18 所示。

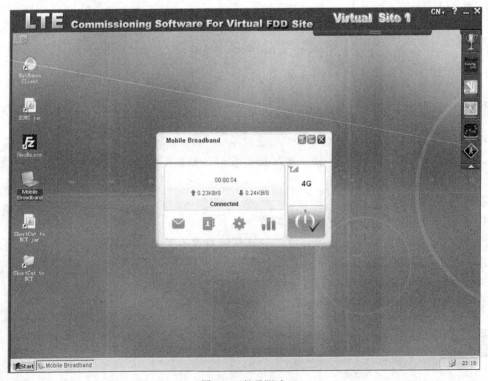

图 6.17　拨号测试

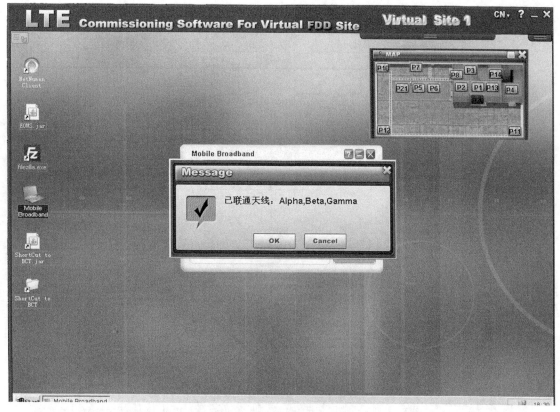

图 6.18 三个扇区连通界面

实习总结及思考

现场开局，除了基站正常启动、数据配置外，核心网、终端还需要做什么设置？

二、FTP 测试

拨号成功后，进入 FTP 下载页面

拨号测试只能对基站进行功能性测试，在 LTE 开通现场更重要的是性能测试。本软件模拟 LTE 的 FTP 测试过程。在 EMS 桌面，有个"filezilla.exe"图标，该图标是 FTP 客户端。

本软件 FTP 服务器地址为 192.192.X.254，拨号用户名和密码分别是 lte/lte。点击 Quickconnect，在软件显示页面出现"status：connected"，这样在下方的文件栏中可以上传和下载文件，表示 FTP 服务测试成功，如图 6.19 所示。

注意：只有在终端拨号成功后，才可以进行 FTP 登录测试，业务测试时，上下行实时速率会在终端上显示。测试完成后，filezilla 客户端显示下载/上传文件大小、所用时间、平均速率等。本软件目前只是模拟 FTP 测试过程，暂不提供上传、下载速率测试结果。

LTE 移动通信技术

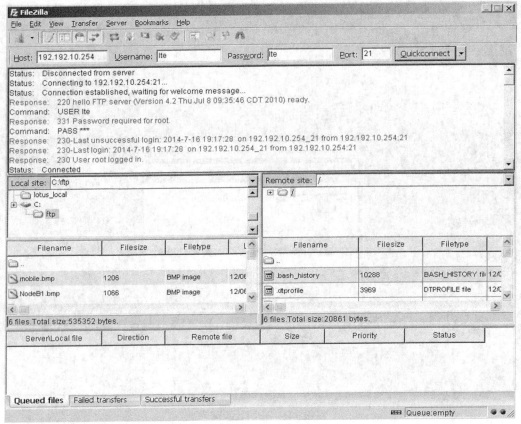

图 6.19　FTP 测试图

任务4　故障处理

【本任务要求】

1. 识记：硬件问题、建链问题、SCTP 问题、小区问题。

2. 领会：实习目的和要求。

故障处理是穿插在基站调试各个环节中的一项技能，每一个操作都有可能引起问题，导致操作无法进行下去或者业务不通。因此掌握故障处理的思路和常见故障的处理方法很重要。

一、硬件问题

基站安装过程中，可能出现各种问题，下面列出常见问题的分析思路，以供参考。

1. BS8200 上电问题

基站安装 BBU 供电时，查看 PM 的 RUN 灯，可以判断 BBU 是否已经上电。如果不能上电，则可能是线缆连接问题。

操作步骤：

（1）查看是否安装的 PM 单板，注意槽位是 14 或者 15。

172

（2）查看线缆连接设备是否错误。比如室内 BBU 连接到 PCPD4 上，BS8800 的 BBU 连接至 PDM 上，BS8900 的 BBU 连接到 ADPD11 上，BS8906 的 BBU 连接至 PDM 上。

（3）查看设备到 T301 或者 T101 的连线是否正确。在电源柜中，黑线接工作地排，蓝线接-48V 分配柜。

2．RRU 的上电问题

安装供电的时候，查看 RRU 的 RUN 灯，可以判断 RRU 是否已经上电。如果不能上电，则可能是线缆连接问题。

操作步骤：

（1）查看 RRU 是否接地，接地点需要 3 个。

（2）查看选择的线缆是否正确，RRU 侧使用 R8962 专用电源线。

（3）查看 RRU 到避雷箱的连接是否正确。

（4）查看避雷箱到 T101 或者 T301 的连接是否正确。

3．BPL 光纤连接问题

BPL 光纤连接到 RRU/RSU，查看 OPTX 灯，可以判断 BPL 是否正常连接到 RRU。如果不正常，则可能设备或者线缆连接问题。

操作步骤：

（1）查看是否有光纤或者光缆连接到 RSU。

（2）查看 RRU/RSU 设备是否上电，如果没有上电，则需要连接电源线。

（3）查看光纤收发是否接反，本软件要求 A1 口接 BPL 的收端，A2 口接 BPL 的发端。

4．BBU 的传输连接问题

CC 单板通过网线或者光纤连接到微波上，如果连接不通，则有可能是设备或线缆连接问题。

操作步骤：

（1）查看是否安装了微波设备 NR8250。

（2）查看是否有线缆连接到微波设备上。

（3）查看 CC 单板端口是否连接错误，要连接到 ETH0。

5．天线连接问题

RRU/RSU 到天线的天馈回路不通，可能是线缆或者端口问题。根据站型或者是否和天线在一起，RRU/RSU 有多种安装方式。

操作步骤：

（1）查看是否根据场景选择了正确的线缆。比如 RRU 和天线在同一抱杆上，只需要 1/2 跳线；如果 BS8800 的利旧 RSU，就需要使用 1/2 跳线、7/8 馈线和合路器等。

（2）查看是否出现串线。因为 RRU 到天线会有很多条馈线，所以有可能线缆之间连接错误了。

（3）查看 RRU/RSU 的端口是否连接错误。目前只用 1、4 端口。

二、建链问题

基站安装、上电完成、后台配置数据后，检查建链状态，如果建链不成功，则可能有多种原因。下面列出常见问题的分析思路，以供参考。

1. 基站前台问题

安装基站过程中存在一些可能会影响建链的情况。

操作步骤：

（1）在拓扑管理中查看是否添加了基站、EMS。

（2）查看 PM 单板是否上电，CC 单板是否已经配置。

（3）查看 CC 单板的传输是否安装正常。

2. LMT 配置问题

基站必须先用 LMT 配置，然后才能建链成功。在 LMT 配置过程中，有可能出现问题。

操作步骤：

（1）检查 CC 单板的 DEBUG 口是否有网线连接调试计算机，是否已经登录 LMT 配置过数据。

（2）查看 LMT 配置参数中的全局端口号是否正确。

（3）查看 LMT 配置参数中的 IP 地址是否正确。

（4）查看 LMT 配置参数中的静态路由是否正确。

（5）查看 LMT 配置参数中的 OMC 参数是否正确。

3. 后台参数问题

EMS 配置的参数有可能会影响建链，包括一些关键参数，这些参数在前面的场景中都已经列出。

操作步骤：

（1）查看创建基站时的基站类型和地址是否和规划的参数一致。

（2）查看在 TANK 和 RACK 中添加的基站是否和安装的基站一致。

（3）查看配置参数中的全局端口号是否正确。

（4）查看配置参数中的到 EMS 的 IP 地址是否正确。

（5）查看配置参数中的 EMS 静态路由是否正确。

（6）查看配置参数中的 OMC 参数是否正确。

三、SCTP 问题

基站安装、上电完成、后台配置数据后，打开动态管理，查询基站的 SCTP，如果状态是 NORMAL，则说明通信正常，如果状态是 FAULT，则说明 SCTP 接口不通，可能有多种原因。下面列出常见问题的分析思路，以供参考。

处理 SCTP 和小区故障时，网管的告警管理和动态数据管理很重要。

从网元代理中选择"Dynamic Data Management"，可以看到 SCTP 和 Serving cell 的运行状态，如图 6.20 所示。

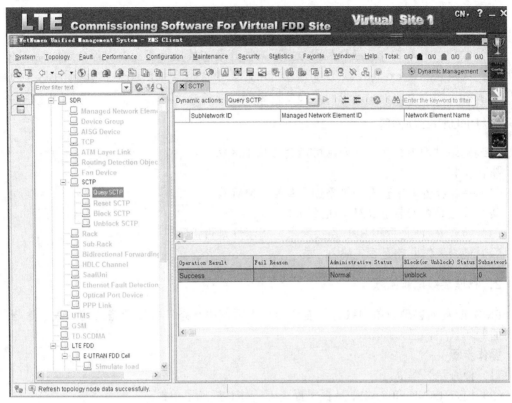

图 6.20　SCTP 运行状态查询

1．基站前台问题

安装基站过程中存在一些问题可能会导致 SCTP 接口不通。

操作步骤：

（1）在拓扑管理中查看是否添加了基站、MME。

（2）查看 PM 单板是否上电，CC 单板是否已经配置。

（3）查看 CC 单板的传输是否安装正常。

（4）查看是否建链。

（5）查看是否已经同步。

2．后台参数问题

EMS 配置的参数有可能会影响建链，包括一些关键参数。

操作步骤：

（1）查看创建基站时的基站类型和地址是否和规划的参数一致。

（2）查看配置参数中的全局端口号是否正确。

（3）查看配置参数中的到 MME 的 IP 地址是否正确。

（4）查看配置参数中的 MME 静态路由是否正确。

（5）查看配置参数中的 SCTP 参数的本地端口号、远端端口号、基站地址、MME 地址是否正确。

四、小区问题

基站安装、上电完成、后台配置数据后，打开动态数据管理，查询各个扇区 serving cell 的状态，如果状态是 existed，则说明通信正常，如果状态是 not exist，则说明小区不可用，可能有多种原因。下面列出常见问题的分析思路，以供参考。

1. RRU/RRSU 问题

安装基站过程中存在一些问题可能会影响小区状态。

操作步骤：

（1）在拓扑管理中查看是否添加了基站、MME。

（2）检查是否安装了 RRU，是否上电正常。

（3）检查 RRU 是否和 BPL 连接起来，指示灯是否正常。

（4）检查天馈回路是否正确。

2. 物理参数配置问题

EMS 配置的物理设备参数有可能会影响小区使用状态，包括一些关键参数，这些参数在前面的场景中都已经列出。

操作步骤：

（1）检查是否建链。

（2）检查 TANK 和 RACK 是否配置正确，并且添加了单板。

（3）检查 BPL 单板的光口参数是否正确，包括速率为 4G，支持的 LTE FDD 载波数要求大于 0。

（4）查看 Topo 中是否配置了 BPL 到 RRU 的连接关系。

3. 无线参数问题

EMS 配置的参数有可能会影响建链，包括一些关键参数，这些参数在前面的场景中都已经列出。

操作步骤：

（1）查看创建小区的各个参数是否正确，包括频段、光口等参数。

（2）查看 MCC、MNC、TAC 是否和规划中的一致。

4. 版本下载和数据同步问题

操作步骤：

（1）查看是否已经下载了新版本，查询基站版本，确认是 V3.10.10B04R1。

（2）确认是否进行了数据同步。

任务5　仿真软件操作案例

【本任务要求】

1. 识记：硬件安装、 LMT 配置、EMS 网管初始配置、传输配置、带宽资源组配置、静态路由配置、无线配置、版本加载、整表同步、业务验证。

2．领会：实习目的和要求。

一、硬件安装

1．以用户名 0000 登录仿真软件。

2．以 TDD 配置为例。

3．虚拟站点 1 为楼顶站，虚拟站点 2 为铁塔站，本例采用 SITE1 楼顶站。

4．选择 new create cabinet。

5．拓扑图中，核心网设备 XGW、1588、MME、EMS&OMM 可以都放在 AREA1 中。记录 SITE1 每个网元的 IP 地址等参数如下。

LMT：10.10.11.12 ，255.255.255.0，VLANID101

1588：10.10.21.12 ，255.255.255.0，VLANID102，port36412

X2：10.10.31.12 ，255.255.255.0，VLANID 103， port36422

EMS 地址：192.192.10.101

MME：接口地址 192.192.10.200

　　　　信号地址 192.168.10.200　　port 36412

1588 地址：192.192.10.158

XGW-FTP：接口地址 192.192.10.100

　　　　　业务地址 192.168.10.100

　　　　　FTP 地址：192.192.10.254

6．开始硬件配置，机柜选择 DCPD4，BBU 选择 BS8200，GPS 转换组件选择 Cable Tray。

7．BBU 连接地线，接地排在机柜的顶部，连接完成后，将鼠标指针移到线的两端会显示连接目标。

8．CC 板可插在 1、2 号槽位，这里只配置在 1 号槽位。BPL 板如果大于 3 块，则 CC 板需要配置两块作为主备。

9．地图上 P20 是操作台，一侧连到 LMT 操作台的网口，一侧连接网线到 CC 板的 LMT 口。

10．连接 BBU 的电源线，采用 BBU-DCPD4-T301 电源柜的方式。

11．GPS 跳线选择"1/4 feeder"，一端连接 Cable Tray 左边，一端连接 GPS 天线。

12．RRU 型号选择 R8962。

13．天线选择型号为 20/202，两端口（port2）的 TDD 天线。

14．BBU-RRU 的 CPRI 光纤连接：扇区连接 TR0/RX0，二扇区连接 TR1/RX1，三扇区连接 TR2/RX2。

15．RRU 到天线的馈线选择"1/2jump（N-N）（1）"，2 根馈线分别连接 ANT1 和 ANT2。

16．BBU 到 NR8250 采用网线连接，选择"Ethernet Cable"，一侧接在 CC 单板的 ETH0，一侧接到 NR8250 的单板的 FE1 口。

二、LMT 配置

1．LMT 不用设置 IP，已自动设置好，通过 P20 的 EMS 终端中的 EOMS.jar 图标，打开 LMT 登录。

2．Phylayerport 已经配置好，不需要修改。

3．配置 Ethernetlink，将 VLAN ID 修改为 101，根据基站站型确定。

4．配置 IPlayerConfig，修改 VLANID 为 101，IP address 为 10.10.11.12，mask 为 255.255.255.0，gateway 为 10.10.11.1。

5．配置 VsOam，修改 type 为 Independent Networking，Base IP 为 10.10.11.12，OMC IP 为 192.192.10.101，OMC Gateway 为 192.192.10.1，Mask 修改为 255.255.255.0，注意掩码一定要修改。

6．修改完成后，退出 EOMS 配置软件，查看进度查询，中间一列 LMT Configuration 应该都变绿。

三、EMS 网管初始配置

1．创建网元代理，选择 MO SDR NE Agent 进行配置，参数 Name 配置为网元名，如 hnyd，Time Zone 选择"北京时间（东八区）"，IP 设置为 192.192.10.101，确定后，需要等待配置变为黑色才生效。

2．用鼠标右键单击 hnyd，选择 start 激活网元代理。

3．用鼠标右键单击 hnyd，选择 configure 进入配置模式。

4．用鼠标右键单击 hnyd，选择 create subnetwork 创建子网，不修改参数，确定。

5．创建单击 NE，参数选择 BS8700，NE IP 为 10.10.11.12，无线标准选择 LTE TDD，点击 save，使其配置变成灰色。

6．增加 operator，name 配置为 ontc，CE percent 为 50%。

7．增加 PLMN，MCC 为 460，MNC 为 11，这些参数均可在信息查询中找到。

8．在 equipment 中，槽位错误，删除 PM 单板，在上面正确槽位（15 号）添加 PM，在 8 号槽位增加 BPL 单板。

9．单击 BBU 右上角的第三个按钮，增加 RRU1：R8962/51，增加 RRU2：R8962/52，增加 RRU3：R8962/53。

10．修改光口速率：在 RRU-R8962-optical port-optical 路径中，将两个光口的速率都修改为 4G。

11．修改光口速率：在 BPLoptical port-optical 路径中，将 3 个光口的速率都修改为 4G，查看进度查询，在 Dial 中，RRU 的子项变绿。

12．配置光纤，在 BTS/Cable/Fible Cable 路径下，进行添加。

第一扇区光纤，选择 Fible：BPL（1.1.8）0，选择 Fible：8962（51.1.1）：1，其中 port2 用作级联。

第二扇区光纤，选择 Fible：BPL（1.1.8）1，选择 Fible：8962（52.1.1）：1。

第三扇区光纤，选择 Fible：BPL（1.1.8）2，选择 Fible：8962（53.1.1）：1。

13．用 ant att object 查看天线型号，这里使用的两端口的天线为 20 或者 202。

14．用 ant entity object 添加天线实体对象，在 attribute 中选择天线型号为 20。

15．添加天线组，选择 group 为 1，number 为 1，usered antenna 为实体号 1，板号为 R8962（51.1.1）。

16．添加射频电缆，路径为 cable-RF cable。

Cable1 中选择 ANT=1，塔放 TMA device=0，Port=1。

Cable2 中选择 ANT=1，塔放 TMA device=0，Port=2。

四、传输配置

1．phy layer port 配置，选择 Ethernet 为 GE：CCC(1.1.1):0，parameter 参数单击进去但不修改参数，然后保存。

2．IP-Ethernet link layer 配置，选择 VLANID 为 101，物理层端口为 0。

3．IP-IP 层配置。

（1）配置到 OMC 的链路，选择 Link NO=0，Used Ethernet Link=0，VLAN=101，IP=10.10.11.12，Mask=255.255.255.0，gateway=10.10.11.1。

（2）配置到 XGW、MME、1588 的链路，选择 Link NO=1，Used Ethernet Link=0，VLAN=102，IP=10.10.21.12，Mask=255.255.255.0，gateway=10.10.21.1。

单击进度查询，Transmission 中选项全变绿。

五、带宽资源组配置

1．创建带宽资源组，路径 Bandwidth Ass-Band Resource Group，选择 Ethernet Link=0，Kbit/s=100000，即 100Mbit/s。

2．创建带宽资源，不修改参数，直接保存。

3．查看进度查询，Bandwidth Resource 变绿。

六、静态路由配置

1．创建静态路由 state route configuration。

（1）创建到 OMC 的静态路由，路由号 0，IP=192.192.10.101，mask=255.255.255.0，下一跳 10.10.11.1，EthLinkNO=0，VLAN=101。

（2）创建到 XGW 的静态路由，路由号 1，IP=192.168.10.100，mask=255.255.255.0，下一跳 10.10.21.1，EthLinkNO=0，VLAN=102。

（3）创建到 MME 的静态路由，路由号 2，IP=192.168.10.200，mask=255.255.255.0，下一跳 10.10.21.1，EthLinkNO=0，VLAN=102。

查看进度查询，静态路由中的 MME、OMC、SGW 全部变绿。

2．OMC channel 配置，进行添加，选择 IP=192.192.10.101，mask=255.255.255.0，IpLinkNo=0，BandWidthRes=1，保存。

3．SCTP 偶联配置，配置到 MME 的动态偶联。

LocalPort=36412，RomPort=36412，Remote IP=192.192.10.200（MME 的接口地址），在 Used IP Layer Configuration 中选择 IPLinkNo=1， BandWidthResource=1，DSCP=46。

七、无线配置

1．增加 LTE TDD，修改 PLMN 为 460/11。

2．路径 Resource-Band Reource 中，选择 ir Ant Group Object 选择（51.1.1）：1，RF port object 选择 R8962（51.1.1）PortNo=1 和 PortNo=2，Connected Baseband Device 选择 BPL（1.1.8）。

3. 路径 Resource-Band Reource 中，选择 ir Ant Group Object 选择（52.1.1）：1，RF port object 选择 R8962（52.1.1）PortNo=1 和 PortNo=2，Connected Baseband Device 选择 BPL（1.1.8）。

4. 路径 Resource-Band Reource 中，选择 ir Ant Group Object 选择（53.1.1）：1，RF port object 选择 R8962（53.1.1）PortNo=1 和 PortNo=2，Connected Baseband Device 选择 BPL（1.1.8）。

5. 查看进度查询，wireless 中的 3 个扇区变绿。

6. 在 S1AP 配置中添加，选择 SCTP=0，将 S1AP 协议与偶联 SCTP 关联起来。

7. 服务小区配置：E-URTAN TDD CELL。

增加服务小区 40，CellID=40，PLMNList=460/11，BaseBand…选择 EcellequipmentTDD=1，PCI=1，PCI List=0，Emerged Alarm Area=12，TAC=171，Band INd for frequency=38，Center carrier Frequency=2600。

增加服务小区 41，CellID=41，PLMNList=460/11，BaseBand…选择 EcellequipmentTDD=1，PCI=2，PCI List=0，Emerged Alarm Area=12，TAC=172，Band INd for frequency=38，Center carrier Frequency=2600。

增加服务小区 42，CellID=42，PLMNList=460/11，BaseBand…选择 EcellequipmentTDD=1，PCI=3，PCI List=0，Emerged Alarm Area=12，TAC=173，Band INd for frequency=38，Center carrier Frequency=2600。

八、版本同步

1. 将 OMC 从配置管理切换到拓扑管理。

2. 在 MO SDR_hnyd 右键进入版本管理（software version management）。

3. 新建版本查询，双击，全部选定，check version，版本全部为 02 版本。

4. upgrade task management，左边、右边的和下面的选项全部选上，确定，提示版本更新完成。

5. 再新建一个版本查询，双击，全部选定，check version，版本全部为 04 版本，这样表示版本从 02 版本升级至 04 版本完成。

6. 查看进度查询，提示版本选项均变绿。

九、整表同步

回到配置管理，在 hnyd 右键，选定数据同步（data synchronization），选定 whole tables 整表同步，选定 excute 执行，输入确认码，提示同步完成。

十、业务验证

1. 在 EMS 桌面，点击图标 mobile broadband，出现 4G 信号，点击电源，提示"已联通天线：Alpha,Beta,Gamma"，有数据上下行，表示通话业务良好。

2. 打开 EMS 桌面的 filezilla.exe 软件，点击快速连接，提示连接已完成（connected），可以上传和下发文件，说明 FTP 数据业务正常。

 过关训练

一、操作题

任务一： 请按照以下条件配置开通基站系统。

TDD 模式，选择基站安装场景 SITE 1，完成基站硬件安装，站型为 S1/1/1。传输采用网线，位置为 P2，站型为 BS8200+RRU，网元代理设置成自己的"hnyd-学号"，保留的配置文件为"hnyd-学号"。

核心网拓扑规划如下表。

AREA1	XGW	1588 时钟	MME	EMS&OMM
AREA2				
AREA3				
AREA4				

关键参数如下表。

关键 IP 参数	参 数 取 值
XGW Service IP	192.168.10.100
Ftp server IP	192.192.10.254
1588 Clock server IP	192.192.10.158
MME interface IP	192.192.10.200
MME Signal IP	192.168.10.200
EMS&OMM IP	192.192.10.101
EMS&OMM Gateway IP	192.192.10.1

任务二： 按照以下条件配置开通基站系统。

FDD 模式，选择基站安装场景 SITE 2 铁塔站，传输采用光纤，位置为 P2，站型为 BS8800+RSU，核心网分散在 4 个 area 中，网元代理设置成自己的"hnyd-姓名拼音"，保留的配置文件为"hnyd-姓名拼音"。

核心网拓扑规划如下表。

AREA1	XGW	1588 时钟		EMS&OMM
AREA2			MME	
AREA3				
AREA4				

关键参数如下表。

关键 IP 参数	参 数 取 值
XGW Service IP	192.168.10.100
Ftp server IP	192.192.10.254
1588 Clock server IP	192.192.10.158
MME interface IP	192.192.20.200

续表

关键 IP 参数	参 数 取 值
MME Signal IP	192.168.20.200
EMS&OMM IP	192.192.10.101
EMS&OMM Gateway IP	192.192.10.1

备注：上机测试可以采用任务一完成 LTE 基站仿真开通任务，以业务测试和熟练程度计算测验分值，任务二作为能力拓展任务。

参 考 文 献

[1] 沈嘉，索世强，全海洋等. 3GPP 长期演进（LTE）技术原理与系统设计[M]. 北京：人民邮电出版社，2008.

[2] 王映民，孙韶辉等. TD-LTE 技术原理与系统设计[M]. 北京：人民邮电出版社，2010.

[3] 王映民，孙韶辉等. TD-LTE 技术原理与系统设计[M]. 北京：人民邮电出版社，2010.

[4] 何桂龙. TD-LTE 系统下行多用户波束赋形技术[D]. 北京：北京邮电大学信息与通信工程学院，2010.

[5] 李三江. TE 物理层下行关键技术研究[D]. 成都：电子科技大学，2009.

[6] 武岳，鲜永菊. LTE 系统中的混合自动重传请求技术研究[J]. 数字通信，2010.

[7] 孙宇彤. LTE 教程：原理与实现[M]. 北京：电子工业出版社，2014.

[8] 陈宇恒，肖竹，王洪. LTE 协议栈与信令分析[M]. 北京：人民邮电出版社，2013.

[9] 杨峰义. LTE/LTE-Advanced 无线宽带技术[M]. 北京：人民邮电出版社，2012.

[10] 曾召华. LTE 基础原理与关键技术[M]. 西安：西安电子科技大学出版社，2010.

[11] 真才基. TD-LTE 网络规划原理与应用[M]. 北京：人民邮电出版社，2013.